ぐーんっと やさしく

中2理科

JN015008

◆登場キャラクター◆

理人（りひと）
飼育係の男の子。
動物や植物は大好き
だが，理科がニガテ。

ととまる
学校で飼っているうさぎ。
毎日自然にふれているうちに
理科にくわしくなった。

ハカセ
科学の研究者。
学校の裏山の研究所
に住んでいる。

→ここから読もう！

① 放課後 キーンコーン カーンコーン うさ

② 2年になったら理科がまた難しくなってきたなぁ…。 はぁ… にんじん

③ たしか，1年のときはととまるが教えてくれたんだったなぁ。 チラッ ？

④ 理人〜。 にんじんだよ〜なんか言って〜 ？

⑤ よっ 久しぶり！ ど〜ん ととまる！そっちか!!

⑥ 2年の理科だな。じゃ，裏山行くよ！ 学校の裏山 イイトコアルヨ たすけて〜

⑦ ハカセ〜，2年の理科教えて〜。 なんじゃ？ ウィーン ハカセ!? どもっ

本書の使い方

中学2年生は…

テスト前の学習や，授業の復習として使おう！

中学3年生は…

中学2年の復習に。苦手な部分をこれで解消!!

左の まとめページ と，右の 問題ページ で構成されています。

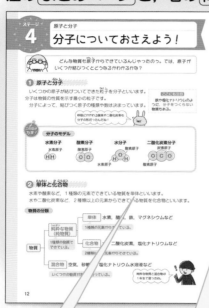

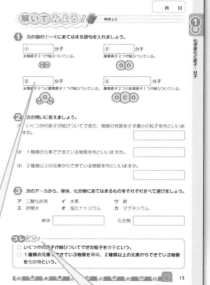

重要用語
この単元で重要な用語を赤字にしているよ。

解いて みよう！
まずは，穴うめで左ページのことを確認しよう。

コレだけ！
これだけは覚えておきたいポイントをのせているよ。

確認テスト
章の区切りごとに「確認テスト」があります。
テスト形式なので，学習したことが身についたかチェックできます。

章末「ハカセのプラス1ページ」
知っておくと便利なプチ情報です。
この内容も覚えておくとバッチリ！

別冊解答
解答は本冊の縮小版になっています。

赤字で解説を入れているよ。

化学変化と原子・分子

わたしたちの身のまわりにあるすべての物質は,
原子という非常に小さな粒子からできている。

物質が変化するとき, 原子に何が起こっている
のだろう?

まずはミクロ研究所からスタートじゃ!

熱分解

物質を分解してみよう！

ホットケーキがふんわりふくらむのは，生地にふくまれる重そう（炭酸水素ナトリウム）のおかげなんじゃ。どういうしくみか見てみよう！

　もとの物質とは別の物質ができる変化を化学変化（化学反応）といいます。
では，炭酸水素ナトリウムを加熱したときに起こる化学変化を見てみましょう。

◆ 炭酸水素ナトリウムを加熱する実験 ◆

（実験方法）

①試験管に炭酸水素ナトリウムを入れて加熱し，発生した気体を試験管に集める。

②集めた気体に石灰水を加えてよく振り，変化を調べる。

③加熱した試験管の口付近についた液体に塩化コバルト紙をつけ，色の変化を調べる。

④加熱した試験管に残った物質を調べる。

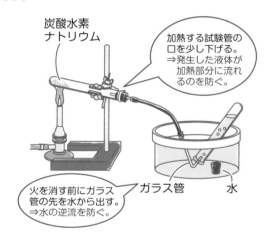

炭酸水素ナトリウム

加熱する試験管の口を少し下げる。⇒発生した液体が加熱部分に流れるのを防ぐ。

火を消す前にガラス管の先を水から出す。⇒水の逆流を防ぐ。

ガラス管　水

（実験結果）

石灰水の変化	白くにごった →二酸化炭素が発生
塩化コバルト紙の変化	青色から赤（桃）色に変化した →水が発生
残った物質	水にとけやすい白色の固体が残った →炭酸ナトリウムができた

ここがカギ！

・石灰水→二酸化炭素を通すと白くにごる。

・塩化コバルト紙→水があると青色から赤（桃）色に変化する。

ホットケーキがふくらむのは，二酸化炭素が発生しているからなんだね！

まとめ

　炭酸水素ナトリウムを加熱すると，炭酸ナトリウムと水と二酸化炭素に分かれる。
→1種類の物質が2種類以上の別の物質に分かれる化学変化を分解という。
　また，加熱による分解を熱分解という。

解いてみよう！

解答 p.2

1 次の①〜④にあてはまる語句を入れましょう。

●石灰水の変化　　　　　　　　　　●塩化コバルト紙の変化

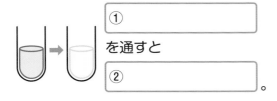

①

を通すと

②

。

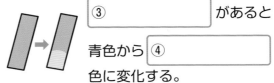

③

があると

青色から ④

色に変化する。

2 下の図のようにして，炭酸水素ナトリウムを加熱すると，石灰水が白くにごりました。次の問いに答えましょう。

(1) 試験管**B**の石灰水が白くにごったことから，発生した気体は何であることがわかりますか。

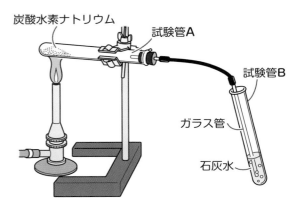

炭酸水素ナトリウム

試験管A

試験管B

ガラス管

石灰水

(2) 試験管**A**の口付近には液体がついていました。この液体を青色の塩化コバルト紙につけたところ，塩化コバルト紙は赤色に変化しました。試験管**A**の口付近についていた液体は何ですか。

(3) 炭酸水素ナトリウムを加熱したときのように，加熱によって１種類の物質が２種類以上の別の物質に分かれる化学変化を何といいますか。

コレだけ！

- □ 炭酸水素ナトリウムを加熱すると，炭酸ナトリウム，水，二酸化炭素に分かれる。
- □ １種類の物質が２種類以上の別の物質に分かれる化学変化を分解という。

水に電流を流してみよう！

 水は何からできているか知っているかい？水に電流を流して調べてみよう！

◆ 水に電流を流す実験 ◆

（実験方法）

①電気分解装置に，少量の水酸化ナトリウムをとかした水を入れて電流を流す。

②陰極から発生した気体にマッチの火を近づけてようすを調べる。

③陽極から発生した気体に火のついた線香を入れてようすを調べる。

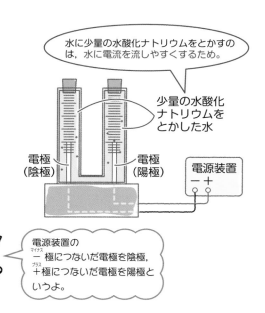

水に少量の水酸化ナトリウムをとかすのは，水に電流を流しやすくするため。

少量の水酸化ナトリウムをとかした水

電極（陰極）　電極（陽極）　電源装置 － ＋

電源装置の － 極につないだ電極を陰極，＋極につないだ電極を陽極というよ。

（実験結果）

陰極のようす	陽極のようす
ポンと音を立てて気体が燃える →水素が発生	線香が炎を上げて激しく燃える →酸素が発生

ここがカギ！

・水素…空気中で燃える性質がある。
→マッチの火を近づけるとポンと音を立てて燃える。

・酸素…ものを燃やすはたらきがある。
→火のついた線香を入れると線香が炎を上げて激しく燃える。

まとめ

水に電流を流すと分解して，**陰極**からは水素，**陽極**からは酸素が発生する。

➡電流を流すことによって物質を分解することを電気分解という。

解いてみよう！

解答 p.2

1 次の①，②にあてはまる気体の名前を入れましょう。

気体が入った試験管にマッチの火を近づけるとポンと音を立てて気体が燃える。

→ ① [　　　　　　]

気体が入った試験管に火のついた線香を入れると線香が炎を上げて激しく燃える。

→ ② [　　　　　　]

2 右の図のようにして，水に電流を流したところ，陰極と陽極から気体が発生しました。次の問いに答えましょう。

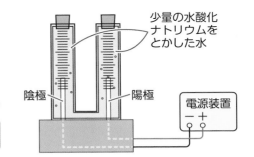

少量の水酸化ナトリウムをとかした水

陰極　　陽極

電源装置

(1) 実験で，少量の水酸化ナトリウムをとかした水を用いたのはなぜですか。次の**ア〜エ**から選びましょう。 [　　　　]

　ア 反応がゆっくり進むようにするため。
　イ 温度を一定に保つため。
　ウ 発生した気体が水にとけるのを防ぐため。
　エ 水に電流を流しやすくするため。

(2) 陰極から発生した気体の性質として正しいものはどれですか。次の**ア〜ウ**から選びましょう。 [　　　　]

　ア 石灰水を入れてよく振ると石灰水が白くにごる。
　イ マッチの火を近づけるとポンと音を立てて気体が燃える。
　ウ 火のついた線香を入れると線香が炎を上げて激しく燃える。

(3) 陰極，陽極から発生した気体はそれぞれ何ですか。

　　陰極 [　　　　　　]　　　陽極 [　　　　　　]

コレだけ！

☐ 水に電流を流すと，陰極から水素，陽極から酸素が発生する。

☐ 電流を流して物質を分解することを電気分解という。

物質をつくる粒子をおさえよう！

 物質をう〜んと細かくしていくとどこまで小さくなるか知ってるかい？物質をつくっている最小の粒子について見ていこう！

❶ 原子の性質

物質をつくっている，それ以上分割することができない小さな粒子を**原子**といいます。原子には，次のような性質があります。

この性質がカギ！ **原子の性質**

①化学変化によって，それ以上分けることができない。

分かれた！

②種類によって，大きさや質量が決まっている。

水素　金

③化学変化によって，なくなったり，新しくできたり，ほかの種類の原子に変わったりしない。

どんな物質も原子からできているんだね！

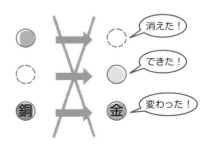
消えた！
できた！
銅　金　変わった！

❷ 元素

物質を構成する原子の種類を**元素**といい，元素は**元素記号**を用いて表すことができます。

水素

H

銅

Cu

→ 2文字目は小文字
1文字目は大文字

元素	元素記号	元素	元素記号
炭素	C	鉄	Fe
酸素	O	マグネシウム	Mg
窒素	N	アルミニウム	Al
塩素	Cl	銀	Ag
硫黄	S	ナトリウム	Na

解答 p.2

1 原子の性質について，次の①〜③にあてはまる語句を入れましょう。

●化学変化によって，それ以上分けることが

①[　　　　　　　]。

分かれた！

●種類によって，大きさや

②[　　　　　　　]が決まっている。

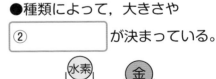

水素　金

●化学変化によって，なくなったり，新しくできたり，
ほかの種類の原子に変わったり

③[　　　　　　　]。

消えた！

できた！

変わった！

銅　金

2 原子の性質として正しいものを，次のア〜エから選びましょう。

[　　　　　]

　ア　化学変化によって分けることができる。
　イ　種類によって，大きさや質量が決まっている。
　ウ　化学変化によって，なくなったり，新しくできたりする。
　エ　化学変化によって，ほかの種類の原子に変化する。

3 次の(1)〜(3)は元素記号を，(4)〜(6)は元素の名前を答えましょう。

(1) 水素

[　　　　　　　　]

(2) 酸素

[　　　　　　　　]

(3) 銅

[　　　　　　　　]

(4) C

[　　　　　　　　]

(5) S

[　　　　　　　　]

(6) Fe

[　　　　　　　　]

　□ 物質をつくっている，それ以上分割することができない小さな粒子を原子という。
　□ 原子の種類を元素といい，元素は，元素記号を用いて表すことができる。

分子についておさえよう！

どんな物質も原子からできているんじゃったのう。では，原子が
いくつか結びつくとどうなるかわかるかな？

❶ 原子と分子

いくつかの原子が結びついてできた粒子を**分子**といいます。
分子は物質の性質を示す最小の粒子です。

分子によって，結びつく原子の種類や数は決まっています。

> **ここにも注目**
> 鉄や塩化ナトリウムのように，分子をつくらない物質もある。

呼吸にかかわる酸素や二酸化炭素も分子の形だったんだね！

この図がカギ！

分子のモデル

水素分子	酸素分子	水分子	二酸化炭素分子
水素原子	酸素原子	酸素原子	炭素原子
(H)(H)	(O)(O)	(H)(O)(H)	(O)(C)(O)
		水素原子	酸素原子

❷ 単体と化合物

水素や酸素など，1種類の元素でできている物質を**単体**といいます。
水や二酸化炭素など，2種類以上の元素からできている物質を**化合物**といいます。

物質の分類

物質
- 純粋な物質（純物質）
  1種類の物質でできている。
  - **単体** 水素，酸素，鉄，マグネシウムなど
    1種類の元素からできている。
  - **化合物** 水，二酸化炭素，塩化ナトリウムなど
    2種類以上の元素からできている。
- **混合物** 空気，砂糖水，塩化ナトリウム水溶液など
  いくつかの物質が混じり合っている。

純粋な物質と混合物は
1年生で習ったね。

1 次の図の①〜④にあてはまる語句を入れましょう。

　分子
水素原子2つが結びついている。

(H)(H)

　分子
酸素原子2つが結びついている。

(O)(O)

③[　　　　]分子
水素原子2つと酸素原子1つが結びついている。

(H)(O)(H)

④[　　　　　　]分子
酸素原子2つと炭素原子1つが結びついている。

(O)(C)(O)

2 次の問いに答えましょう。

(1) いくつかの原子が結びついてできた，物質の性質を示す最小の粒子を何といいますか。

(2) 1種類の元素でできている物質を何といいますか。

(3) 2種類以上の元素からできている物質を何といいますか。

3 次のア〜カから，単体，化合物にあてはまるものをそれぞれすべて選びましょう。

ア 二酸化炭素　　　イ 水素　　　　　　ウ 鉄
エ 砂糖水　　　　　オ 塩化ナトリウム　カ マグネシウム

単体 [　　　　　　　]　　　　　化合物 [　　　　　　　]

コレだけ!

□ いくつかの原子が結びついてできた粒子を分子という。

□ 1種類の元素でできている物質を単体，2種類以上の元素からできている物質を化合物という。

物質が結びつく変化をおさえよう！

 水に電流を流すと酸素と水素に分けることができたじゃろ？では，物質を結びつけることはできないのかのぅ？

◆ 鉄と硫黄を結びつける実験 ◆

実験方法

①鉄粉と硫黄の粉末をよく混ぜ合わせ，２本の試験管のうち，一方に混合物の$\frac{3}{4}$，もう一方に$\frac{1}{4}$を入れる。

②混合物の$\frac{3}{4}$を入れた試験管を加熱する。もう１本の試験管はそのままにしておく。

③両方の試験管に磁石を近づけ，ようすを調べる。

④両方の試験管にうすい塩酸を入れ，ようすを調べる。

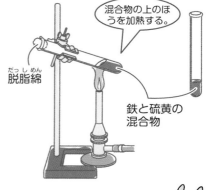

混合物の上のほうを加熱する。

脱脂綿

鉄と硫黄の混合物

 混合物の上部が赤くなったら加熱をやめるよ。途中で加熱をやめても，反応で生じた熱で最後まで反応が進むよ！

実験結果

	加熱しないもの	加熱したもの
磁石を近づける	磁石につく →鉄が磁石についた	磁石につかない →鉄がなくなった
うすい塩酸を加える	においのない気体が発生 →水素が発生	卵がくさったようなにおいの気体が発生 →硫化水素が発生
物質	鉄と硫黄の混合物	鉄・硫黄とは別の物質 →硫化鉄

まとめ

鉄と硫黄の混合物を加熱すると，**鉄と硫黄が結びついて硫化鉄**ができる。

➡ **２種類以上の物質が結びついて化合物**ができる。

 解答 p.3

1 　下の図のようにして，鉄と硫黄の混合物を加熱する実験を行い，加熱前と加熱後の物質の性質を比べました。あとの問いに答えましょう。

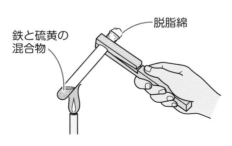

脱脂綿

鉄と硫黄の
混合物

(1)　加熱前の物質に磁石を近づけると，磁石につきますか，つきませんか。

(2)　加熱後の物質に磁石を近づけると，磁石につきますか，つきませんか。

(3)　うすい塩酸を加えると，卵がくさったようなにおいの気体が発生するのは，加熱前の物質ですか，加熱後の物質ですか。

(4)　加熱後の物質は何ですか。

(5)　鉄と硫黄の混合物を加熱してできる物質のように，2種類以上の物質が結びついてできる物質を何といいますか。

コレだけ！

□　鉄と硫黄の混合物を加熱すると，鉄と硫黄が結びついて硫化鉄ができる。

□　2種類以上の物質が結びついてできる物質を化合物という。

ステージ 6 化学反応式

化学変化を式に表そう！

「水素」を「H」という元素記号で表すことができたのを覚えているかな？化学変化をこれらの記号を使って表してみよう！

1 化学式

物質を元素記号と数字で表したものを**化学式**といいます。

右下の数字は原子の数を表すよ。原子の数が1個のときは，省略！

水素

(H)(H) ➡ $\underline{H_2}$

水素原子が2個

水

(H)(O)(H) ➡ $\underline{H_2O}$

水素原子が2個
酸素原子が1個

酸素 O_2，　窒素 N_2，　塩素 Cl_2，　炭素 C，　二酸化炭素 CO_2，　酸化銀 Ag_2O

2 化学反応式

化学変化を化学式を使って表したものを**化学反応式**といいます。

化学反応式のつくり方

①反応前の物質を左辺，反応後の物質を右辺に書き，⟶で結ぶ。

②それぞれの物質を化学式で表す。

③左辺と右辺で原子の種類と数が同じになるようにする。

④分子の個数を化学式の前につけてまとめる。（1個のときは省略する。）

水素と酸素が結びついて水ができる反応

水素 ＋ 酸素 ⟶ 水

(H)(H)　(O)(O)　(H)(O)(H)
H_2 ＋ O_2 ⟶ H_2O

(H)(H)　(O)(O)　(H)(O)(H) (H)(O)(H)
H_2 ＋ O_2 ⟶ H_2O, H_2O

右辺の水分子を1個ふやして酸素原子の数を同じにする。

(H)(H)(H)(H)　(O)(O)　(H)(O)(H) (H)(O)(H)
H_2, H_2 ＋ O_2 ⟶ H_2O, H_2O

左辺の水素分子を1個ふやして水素原子の数を同じにする。

$2H_2$ ＋ O_2 ⟶ $2H_2O$

 解答 p.3

❶ 下のモデル図は，水素と酸素から水ができる反応を表したものとその化学反応式です。次の①〜③にあてはまる化学式や数を入れましょう。

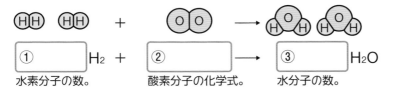

| ① | H_2 | + | ② | → | ③ | H_2O |

水素分子の数。　　　酸素分子の化学式。　　　水分子の数。

❷ 次の物質を化学式で表しましょう。

(1) 酸素

(2) 炭素

(3) 塩素

❸ 酸化銀が分解して銀と酸素ができる化学変化を，化学反応式で表します。次の①〜④にあてはまる語句や数を答えましょう。

1．反応前の物質を左辺，反応後の物質を右辺に書き，→で結ぶ。

酸化銀　→　銀　+　酸素

2．それぞれの物質を化学式で表す。

Ag_2O　→　Ag　+　O_2

3．左辺に酸化銀を1個ふやして

① 原子の数を同じにする。

Ag_2O, Ag_2O　→　Ag　+　O_2

右辺に銀を3個ふやして

② 原子の数を同じにする。

Ag_2O, Ag_2O　→　Ag, Ag / Ag, Ag　+　O_2

4．分子または原子の個数を化学式の前につけてまとめる。

③ 　Ag_2O　→　④ 　Ag　+　O_2

コレだけ！

□ 物質を元素記号と数字で表したものを化学式という。

□ 化学変化を化学式を使って表したものを化学反応式という。

酸素と結びつく変化をおさえよう！

鉄のくぎがさびたり，スチールウールが燃えたりするのを見たことがあるかな？どんな反応か見てみよう！

◆ スチールウールを加熱する実験 ◆

（実験方法）

①スチールウールを加熱する。

スチールウール
熱や光を出しながら激しく燃える。

②加熱する前と加熱したあとの物質（黒色）の性質を比べる。
・質量は変化するか
・電流が流れるか
・塩酸に入れると反応するか

塩酸

（実験結果）

	加熱する前	加熱したあと
質量の変化	－	ふえた
電流を流す	流れる	流れない
塩酸に入れる	水素が発生	変化しない

スチールウールを加熱すると，別の物質に変化した。
→鉄と空気中の酸素が結びついて酸化鉄ができた。

まとめ

スチールウールを加熱すると，**鉄と酸素が結びついて酸化鉄ができる。**
→物質が酸素と結びつく化学変化を酸化といい，酸化によってできた物質を酸化物という。
また，熱や光を出しながら激しく酸化することを燃焼という。

ここにも注目
銅を加熱すると，おだやかに酸化して酸化銅ができる。

銅板

鉄のくぎがさびるのもゆっくり進む酸化だよ！

18

 解答 p.3

1 右の図のようにして，スチールウールを加熱する実験を行い，加熱前と加熱後の黒色の物質の性質を比べました。次の問いに答えましょう。

(1) 加熱前の物質（スチールウール）の質量と加熱後の物質の質量を比べたときの結果として正しいものを，次の**ア〜ウ**から選びましょう。

□

　　ア 加熱後の物質の質量は，加熱前の物質の質量よりも大きい。
　　イ 加熱後の物質の質量は，加熱前の物質の質量よりも小さい。
　　ウ 加熱後の物質の質量は，加熱前の物質の質量と変わらない。

(2) 加熱前の物質にうすい塩酸を加えると，においのない気体が発生しました。この気体は何ですか。

□

(3) 加熱後の物質は何ですか。

□

(4) スチールウールを加熱したときの反応のように，物質が酸素と結びつく化学変化を何といいますか。

□

(5) (4)のうち，熱や光を出しながら激しく酸素と結びつく化学変化を何といいますか。

□

□ 物質が酸素と結びつく化学変化を酸化といい，酸化でできた物質を酸化物という。
□ 熱や光を出しながら激しく酸化することを燃焼という。

ステージ 8

酸化と還元

酸素をうばう変化をおさえよう！

酸化した物質から酸素をとりのぞくことはできるんじゃろうか？
とりのぞいた酸素はどうなるのか見てみよう！

◆ 酸化銅（さんかどう）から酸素をとりのぞく実験 ◆

（実験方法）

①黒色の酸化銅と炭素の粉末の混合物を試験
　管に入れて加熱する。

②石灰水の変化を調べる。

③反応が終わったら，加熱をやめて冷ます。

④試験管に残った物質を薬さじでこする。

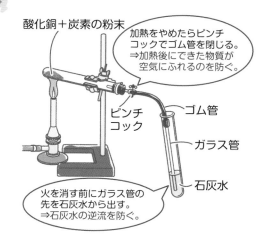

酸化銅＋炭素の粉末

加熱をやめたらピンチ
コックでゴム管を閉じる。
⇒加熱後にできた物質が
空気にふれるのを防ぐ。

ピンチ
コック

ゴム管

ガラス管

石灰水

火を消す前にガラス管の
先を石灰水から出す。
⇒石灰水の逆流を防ぐ。

（実験結果）

石灰水の変化	白くにごった →二酸化炭素が発生
試験管に残った物質を 薬さじでこする	赤色の物質が残り，こすると 金属光沢（こうたく）が出た →銅ができた

みがくと光るのは
金属の性質だね！

まとめ

　酸化銅と炭素の混合物を加熱すると，**酸化銅から酸素がとりのぞかれて**銅と二酸
化炭素ができる。
➡酸化物から酸素をとりのぞく化学変化（かがくへんか）を還元（かんげん）という。

ここが
カギ！

酸化と還元

黒色
酸化銅　＋　炭素　──→　銅　＋　二酸化炭素
酸化
還元
赤色

還元は酸化と同時に
起こるんだね！

 解答p.3

1 　下の図のようにして，酸化銅と炭素の粉末の混合物を加熱する実験を行いました。あとの問いに答えましょう。

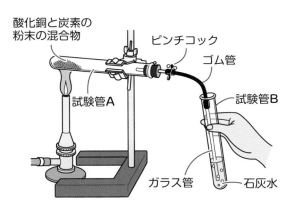

(1)　混合物を加熱すると気体が発生し，石灰水は白くにごりました。発生した気体は何ですか。

(2)　試験管**A**の混合物の色は，加熱によって何色に変化しますか。

(3)　加熱したあと，試験管**A**に残った物質をみがくと，光りました。試験管**A**に残った物質は何ですか。

(4)　この実験で酸化銅に起こった反応のように，酸化物から酸素をとりのぞく化学変化を何といいますか。

(5)　この実験で，炭素に起こった化学変化を何といいますか。

コレだけ!

- □　酸化物から酸素をとりのぞく化学変化を還元という。
- □　還元が起こるとき，同時に酸化も起こっている。

化学変化と質量の変化を調べよう！

化学変化が起こるとき，反応の前後で全体の質量は変わるんじゃろうか？質量の変化を調べてみよう！

① 質量保存の法則

この図が
カギ！

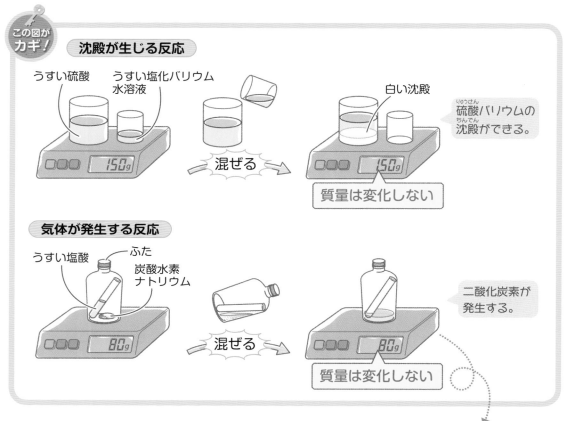

沈殿が生じる反応

うすい硫酸　うすい塩化バリウム水溶液

白い沈殿

硫酸バリウムの沈殿ができる。

150g　混ぜる　150g

質量は変化しない

気体が発生する反応

うすい塩酸　ふた　炭酸水素ナトリウム

二酸化炭素が発生する。

80g　混ぜる　80g

質量は変化しない

　このように，化学変化の前後で，物質全体の質量は変化しません。これを**質量保存の法則**といいます。

　これは，化学変化の前後で，原子の組み合わせは変化しますが，**原子の種類（元素）と数は変化しない**ためです。

化学変化で別の物質に変わっても，全体の質量は変わらないんだ！

ここにも注目
　容器のふたを開けて実験すると，発生した二酸化炭素が外に出ていくため，質量は減少する。

二酸化炭素

78g

質量は減少する

解答 p.4

1 次の①，②にあてはまる語句を入れましょう。

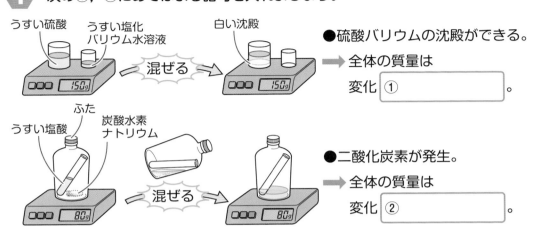

うすい硫酸　うすい塩化バリウム水溶液　→ 混ぜる →　白い沈殿

●硫酸バリウムの沈殿ができる。

➡ 全体の質量は

変化 ① ☐ 。

ふた　うすい塩酸　炭酸水素ナトリウム　→ 混ぜる →

●二酸化炭素が発生。

➡ 全体の質量は

変化 ② ☐ 。

2 次の問いに答えましょう。

(1) 化学変化の前後で，物質全体の質量は変化しますか，変化しませんか。

☐

(2) (1)の法則を何といいますか。

☐

(3) 化学変化の前後で，原子の種類（元素）は変化しますか，変化しませんか。

☐

(4) 化学変化の前後で，原子の数は変化しますか，変化しませんか。

☐

コレだけ！

☐ **化学変化の前後で，物質全体の質量は変化しない。これを**質量保存の法則**という。**

☐ **化学変化の前後では，**原子の組み合わせは変化するが**，原子の種類（元素）と数は変化しない。**

物質が結びつく割合を調べよう！

スチールウールを燃やすと空気中の酸素と結びついて質量が大きくなったのぅ。物質が結びつくときの質量の割合は決まっているんじゃろうか？

❶ 銅と酸素が結びつく割合

銅を空気中で加熱すると，銅と酸素が結びついて酸化銅ができます。

加熱する銅の質量を0.4g，0.8g，1.2g，1.6g，2.0gとふやしていくと，できた酸化銅と結びつく酸素の質量は次の表のようになります。

銅の質量〔g〕	0.4	0.8	1.2	1.6	2.0
酸化銅の質量〔g〕	0.5	1.0	1.5	2.0	2.5
結びつく酸素の質量〔g〕	0.1	0.2	0.3	0.4	0.5

銅の粉末　ステンレス皿

質量が変化しなくなるまで加熱するよ！

銅と結びつく酸素の質量は，
（酸化銅の質量）−（銅の質量）で求める。

上の結果をグラフに表してみましょう。

この図がカギ！

銅の質量と結びつく酸素の質量

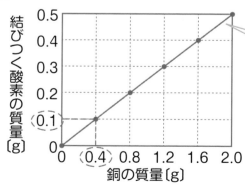

グラフは原点を通る直線
→銅の質量と結びつく酸素の質量は比例の関係にある！

銅の質量：結びつく酸素の質量
＝0.4：0.1＝4：1

そうなんだー

ここにも注目
マグネシウムと酸素が結びつくと酸化マグネシウムができる。
マグネシウムの質量：結びつく酸素の質量＝3：2

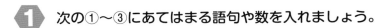

解答 p.4

月　日

❶ 次の①〜③にあてはまる語句や数を入れましょう。

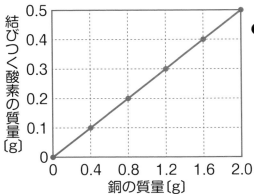

●銅の質量と結びつく酸素の質量は

| ① | | の関係にある。

グラフは原点を通る直線。

銅の質量：結びつく酸素の質量

= | ② | ： | ③ |

❷ 銅をステンレス皿に入れて十分に加熱すると酸化銅ができます。表は，ステンレス皿に入れた銅の質量と，加熱後にできた酸化銅の質量をまとめたものです。あとの問いに答えましょう。

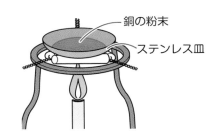

銅の粉末

ステンレス皿

銅の質量〔g〕	0.4	0.8	1.2	1.6
酸化銅の質量〔g〕	0.5	1.0	1.5	2.0

(1) 0.8gの銅を十分に加熱したとき，銅と結びつく酸素の質量は何gですか。

(2) 銅を十分に加熱して酸化銅ができるときの，銅の質量と結びつく酸素の質量を，もっとも簡単な整数の比で表しましょう。

銅：酸素＝ |　：　|

(3) 2.0gの銅を十分に加熱したときにできる酸化銅の質量は何gですか。

コレだけ！

□ 金属を加熱したとき，金属の質量と結びつく酸素の質量は比例の関係にある。

□ 銅を十分に加熱したとき，銅の質量：結びつく酸素の質量＝4：1

化学変化と温度の変化を調べよう！

冬に大活躍の化学かいろは，化学変化による温度変化を利用したものなんじゃ！しくみを見てみよう！

❶ 発熱反応と吸熱反応

化学変化のとき，まわりに熱を放出して温度が上がる反応を**発熱反応**といいます。

化学変化のとき，まわりの熱を吸収して温度が下がる反応を**吸熱反応**といいます。

発熱反応

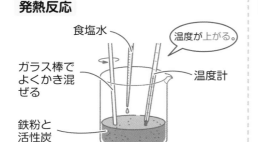

食塩水
ガラス棒でよくかき混ぜる
温度が上がる。
温度計
鉄粉と活性炭

鉄と酸素が結びつく。

吸熱反応

ガラス棒でよくかき混ぜる
温度が下がる。
ぬれたろ紙
水酸化バリウムと塩化アンモニウム
ろ紙の水にアンモニアが吸収されてにおいが少なくなる。

アンモニアが発生。

化学かいろは鉄の酸化という発熱反応を利用しておるんじゃ！

水酸化カルシウムと水の発熱反応は駅弁などに利用されているよ！

この図がカギ！

発熱反応の例

熱を放出して温度が上がる。

鉄　＋　酸素　⟶　酸化鉄　＋　熱

吸熱反応の例

熱を吸収して温度が下がる。

水酸化バリウム　＋　塩化アンモニウム　＋　熱　⟶　塩化バリウム　＋　アンモニア　＋　水

 解答 p.4

❶ 次の図の①，②にあてはまる語句を入れましょう。

| ①　　　　　反応 |

温度が上がる反応。

鉄　＋　酸素　⟶　酸化鉄　＋　**熱**

まわりに熱を放出

| ②　　　　　反応 |

温度が下がる反応。

水酸化バリウム　＋　塩化アンモニウム　＋　**熱**　⟶　塩化バリウム　＋　アンモニア　＋　水

まわりから熱を吸収

❷ 化学変化による温度の変化について，次の実験を行いました。あとの問いに答えましょう。

〔実験1〕　鉄粉と活性炭を混ぜたものに食塩水を数滴（すうてき）たらして，温度をはかりながらガラス棒でよくかき混ぜた。

〔実験2〕　水酸化バリウムと塩化アンモニウムを，温度をはかりながらガラス棒でよくかき混ぜた。

(1)　実験1では，温度は上がりますか，下がりますか。

(2)　(1)のような反応を何といいますか。

(3)　実験2では，温度は上がりますか，下がりますか。

(4)　(3)のような反応を何といいますか。

コレだけ！

□ 化学変化のとき，まわりに熱を放出して温度が上がる反応を発熱反応という。

□ 化学変化のとき，まわりの熱を吸収して温度が下がる反応を吸熱反応という。

確認テスト

/100点

1 右の図のように，炭酸水素ナトリウム（たんさんすいそ）を試験管Aに入れて加熱すると，気体が発生しました。次の問いに答えましょう。

（7点×4）　ステージ ① ② ⑥ ⑦

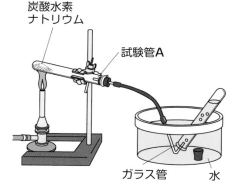

炭酸水素ナトリウム

試験管A

ガラス管　水

（1）発生した気体は何ですか。物質名を答えましょう。

（2）試験管Aの口付近には液体がついていました。この液体は何ですか。物質名と化学式（かがくしき）を答えましょう。

物質名 ＿＿＿＿＿＿　化学式 ＿＿＿＿＿＿

（3）炭酸水素ナトリウムを加熱したときのように，1種類の物質が，2種類以上の別の物質に分かれる化学変化（かがくへんか）が起こるものを，次の**ア〜ウ**から選びましょう。

　ア　スチールウールを加熱する。

　イ　銅板を加熱する。

　ウ　水酸化ナトリウムをとかした水に電流を流す。

2 右の図のように，鉄と硫黄（いおう）の混合物を試験管に入れて加熱しました。次の問いに答えましょう。（7点×3）　ステージ ④ ⑤

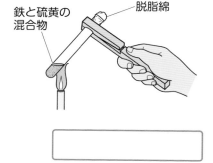

鉄と硫黄の混合物　脱脂綿

（1）鉄や硫黄のように，1種類の元素（げんそ）でできている物質を何といいますか。

（2）加熱後にできた物質は何ですか。物質名を答えましょう。

（3）この実験のように，2種類以上の物質が結びついてできる物質を何といいますか。

28

3 右の図のように，酸化銅(CuO)と炭素の粉末の混合物を試験管Aに入れて加熱したところ，気体が発生し，加熱後の試験管Aには銅が残りました。次の問いに答えましょう。（7点×5）

ステージ **6** **8**

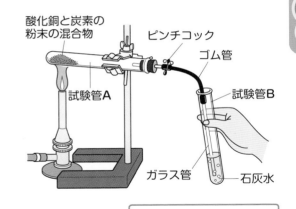

酸化銅と炭素の粉末の混合物　ピンチコック　ゴム管　試験管B　試験管A　ガラス管　石灰水

(1) 気体が発生すると，試験管Bの石灰水はどうなりますか。

(2) この実験の化学反応式は次のように表されます。①，②にあてはまる化学式を答えましょう。

$2\,CuO +$ ① $\longrightarrow 2$ ② $+ CO_2$

① 　　　　　　　　　　　　②

(3) この実験で，①還元された物質，②酸化された物質はそれぞれ何ですか。物質の名前を答えましょう。

① 　　　　　　　　　　　　②

4 いろいろな質量の銅をステンレス皿に入れて十分に加熱し，銅の質量と結びつく酸素の質量との関係を調べました。右の図は，その結果をグラフに表したものです。あとの問いに答えましょう。（8点×2）

ステージ **10**

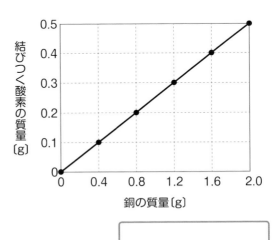

縦軸：結びつく酸素の質量〔g〕　横軸：銅の質量〔g〕

(1) 0.4gの銅を十分に加熱したときにできる酸化銅の質量は何gですか。

(2) 2.4gの銅を十分に加熱したとき，銅と結びつく酸素の質量は何gですか。

いろいろな化学反応式

ハカセの プラス**1**ページ

酸化銀の熱分解	$2Ag_2O \longrightarrow 4Ag + O_2$ 酸化銀　　　　銀　　　酸素
炭酸水素ナトリウムの熱分解	$2NaHCO_3 \longrightarrow Na_2CO_3 + CO_2 + H_2O$ 炭酸水素ナトリウム　　　炭酸ナトリウム　二酸化炭素　　水
水素と酸素の反応	$2H_2 + O_2 \longrightarrow 2H_2O$ 水素　　酸素　　　　水
鉄と硫黄の反応	$Fe + S \longrightarrow FeS$ 鉄　　硫黄　　硫化鉄
銅の酸化	$2Cu + O_2 \longrightarrow 2CuO$ 銅　　酸素　　　酸化銅
マグネシウムの燃焼	$2Mg + O_2 \longrightarrow 2MgO$ マグネシウム　酸素　　酸化マグネシウム
炭素の燃焼	$C + O_2 \longrightarrow CO_2$ 炭素　　酸素　　二酸化炭素
酸化銅の還元	$2CuO + C \longrightarrow 2Cu + CO_2$ 酸化銅　　炭素　　　銅　　二酸化炭素

化学変化によってできる物質は覚えておくんじゃぞ！

化学変化は,化学式を使って表せるんだね。

いろいろな化学変化があるね。

次は
バイオ
研究所へ
行こう！

●●●●●→

生物のつくり とはたらき

植物のからだの中や，わたしたち動物のからだの中は，
どのようなつくりになっているのだろう？
　また，生きていくために，からだはどのようなはたらきを
しているのだろう？
　バイオ研究所に行って調べてみるぞ！

ステージ
12

細胞のつくり
細胞のつくりを調べてみよう！

生物のからだは，小さな細胞（さいぼう）が集まってできているんじゃ。植物と動物の細胞のつくりにはどんなちがいがあるんじゃろうか？

❶ 細胞のつくり

植物のからだも動物のからだも，たくさんの細胞が集まってできています。

植物の細胞には，細胞壁（さいぼうへき），細胞膜（さいぼうまく），核（かく），葉緑体（ようりょくたい），液胞（えきほう）が見られます。

核と細胞壁をのぞいた部分を細胞質（さいぼうしつ）といいます。

動物の細胞には，細胞膜と核が見られます。

染色した細胞のようす

ヒトのほおの内側の細胞

オオカナダモの葉の細胞

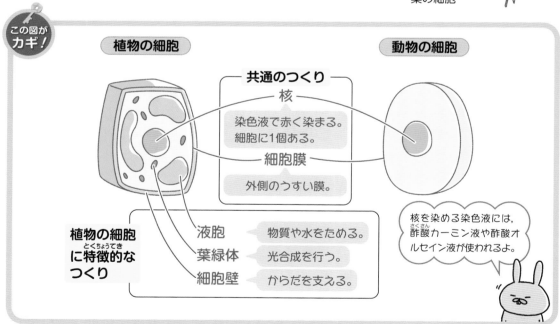

この図がカギ！

植物の細胞　　　　　　　　**動物の細胞**

共通のつくり

核 — 染色液で赤く染まる。細胞に1個ある。

細胞膜 — 外側のうすい膜。

植物の細胞に特徴的な（とくちょうてき）つくり

液胞 — 物質や水をためる。

葉緑体 — 光合成を行う。

細胞壁 — からだを支える。

核を染める染色液には，酢酸（さくさん）カーミン液や酢酸オルセイン液が使われるよ。

❷ 単細胞生物（たんさいぼうせいぶつ）と多細胞生物（たさいぼうせいぶつ）

ミカヅキモなど，からだが1個の細胞からできている生物を単細胞生物といいます。一方，からだが多くの細胞からできている生物を多細胞生物といいます。

解いて みよう！

解答 p.5

1 次の図の①～⑤にあてはまる語句を入れましょう。

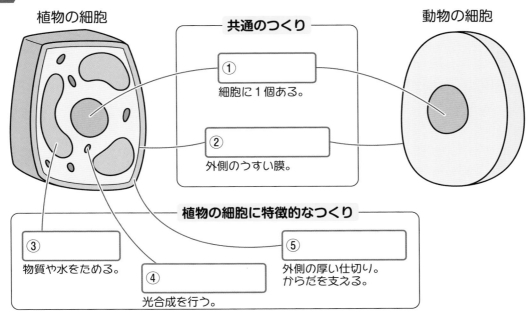

植物の細胞

共通のつくり

① □□□□□
細胞に1個ある。

② □□□□□
外側のうすい膜。

動物の細胞

植物の細胞に特徴的なつくり

③ □□□□□
物質や水をためる。

④ □□□□□
光合成を行う。

⑤ □□□□□
外側の厚い仕切り。
からだを支える。

2 植物の細胞に見られる次のア～オのつくりについて，あとの問いに答えましょう。

ア　細胞壁	イ　核	ウ　葉緑体	エ　液胞	オ　細胞膜

(1) 植物の細胞に特徴的なつくりはどれですか。**ア～オ**からすべて選びましょう。

(2) **ア**の細胞壁と**イ**の核をのぞいた部分を何といいますか。

(3) からだが多くの細胞からできている生物を何といいますか。

コレだけ！

☐ **植物の細胞**には，細胞壁，細胞膜，核，葉緑体，液胞が見られる。

☐ **動物の細胞**には，細胞膜と核が見られる。

ステージ

13

根・茎のつくりとはたらき

根・茎のつくりを調べよう!

土の中に広がる植物の根にはどんなはたらきがあるのかな?また,根と葉をつなぐ茎の中は,どんなつくりになっているんじゃろう?

❶ 根のはたらき

植物の根には,おもに,根の表面から水や水にとけた肥料分を吸収するはたらきがあります。

また,根の先端付近に**根毛**があることで,土と接する面積が広くなり,水や水にとけた肥料分が吸収されやすくなります。

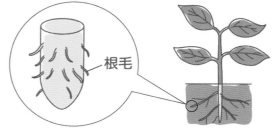

根毛

❷ 茎のつくりとはたらき

茎には,根から吸収した水や肥料分の通り道の**道管**,葉でつくられた養分の通り道の**師管**があります。

道管と師管が集まった束を**維管束**といいます。

被子植物の維管束の並び方は,種類によってちがいます。
- 双子葉類…**輪のように**並んでいる。
- 単子葉類…全体に**散らばっている**。

切る

赤く着色した水

この図がカギ!

茎のつくり

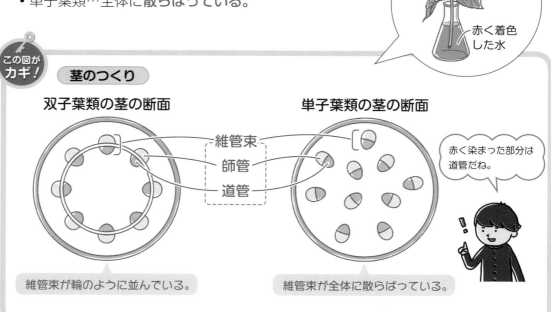

双子葉類の茎の断面

単子葉類の茎の断面

維管束
師管
道管

赤く染まった部分は道管だね。

維管束が輪のように並んでいる。

維管束が全体に散らばっている。

解いて みよう！　　　解答 p.5

❶　次の図の①～③にあてはまる語句を入れましょう。

双子葉類の茎の断面　　　　　　　　　　　　　　　　単子葉類の茎の断面

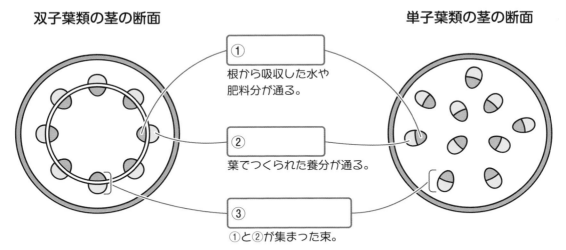

①
根から吸収した水や
肥料分が通る。

②
葉でつくられた養分が通る。

③
①と②が集まった束。

❷　次の問いに答えましょう。

(1)　土と接する面積が広くなるため，水や水にとけた肥料分が吸収されやすくなる，
　　根の先端付近にある小さな毛のようなものを何といいますか。

(2)　根から吸収した水や肥料分が通る管を何といいますか。

(3)　葉でつくられた養分が通る管を何といいますか。

(4)　(2)と(3)が集まった束を何といいますか。

コレだけ！

□　根毛があることで，根は水や水にとけた肥料分を吸収しやすくなる。

□　茎には，水などの通り道の道管と，葉でつくられた養分の通り道の師管がある。

葉のつくりとはたらき

葉のつくりを調べよう!

植物の葉の表面には小さなすきまがあるんじゃ。葉の中のつくりはどうなっているんじゃろう?

1 葉のつくり

生物のからだは、細胞という小さな箱のようなものが集まって形づくられています。葉の細胞の中には緑色の粒が見られ、これを葉緑体といいます。

葉の表面には、2つの孔辺細胞に囲まれたすきまがあり、このすきまを気孔といいます。

気孔は、酸素や二酸化炭素の出入り口、水蒸気の出口になっています。

孔辺細胞は三日月形をしているんだね!

葉の表面の細胞

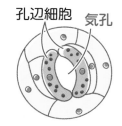

孔辺細胞　気孔

次に、葉の内部のつくりを見てみましょう。

この図がカギ!

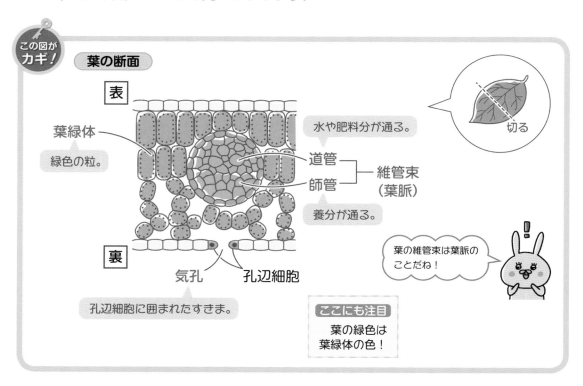

葉の断面

表

葉緑体
緑色の粒。

水や肥料分が通る。

道管
師管
維管束（葉脈）

養分が通る。

切る

葉の維管束は葉脈のことだね!

裏

気孔　孔辺細胞

孔辺細胞に囲まれたすきま。

ここにも注目
葉の緑色は葉緑体の色!

解いてみよう！

解答 p.5

1 次の図の①〜④にあてはまる語句を入れましょう。

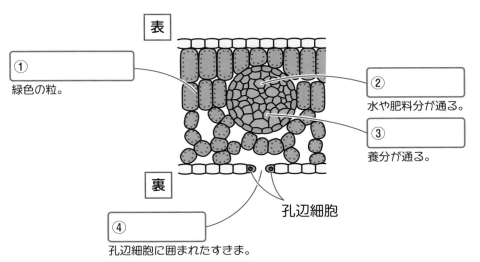

表

① 〔　　　　　　〕
緑色の粒。

② 〔　　　　　　〕
水や肥料分が通る。

③ 〔　　　　　　〕
養分が通る。

裏

孔辺細胞

④ 〔　　　　　　〕
孔辺細胞に囲まれたすきま。

2 次の問いに答えましょう。

(1) 葉の細胞の中に見られる緑色の粒を何といいますか。

〔　　　　　　　　　　　〕

(2) 葉の表面に見られる，２つの孔辺細胞に囲まれたすきまを何といいますか。

〔　　　　　　　　　　　〕

(3) (2)からは，酸素，二酸化炭素のほかに何が出ていきますか。

〔　　　　　　　　　　　〕

(4) 維管束は，葉では何になっていますか。

〔　　　　　　　　　　　〕

コレだけ！

□ 葉の細胞の中にある緑色の粒を葉緑体という。

□ 葉の表面に見られる，２つの孔辺細胞に囲まれたすきまを気孔という。

蒸散

植物の中の水のゆくえを調べよう！

 わたしたちと同じように，植物にとっても水はとても大切なんじゃ。根からとり入れた水はどこからからだの外に出されるんじゃろう？

根から吸収した水が，植物のからだの表面から水蒸気となって出ていくことを**蒸散**といいます。蒸散はおもに**気孔**で行われます。

◆ 蒸散量を調べる実験 ◆

（実験方法）

① 葉の枚数や大きさがほぼ同じ植物の枝を用意し，右の図のように処理をして，同量の水を入れたメスシリンダーにさす。

② 明るく風通しのよいところにしばらく置き，水の減り方を調べる。

 水面に油を浮かべるのは，水面からの水の蒸発を防ぐためなんだね。

何もしない。

葉の表側にワセリンをぬる。

葉の裏側にワセリンをぬる。

油
水

（実験結果）

 この表がカギ！

	A	B	C
ワセリンをぬったところ	なし	葉の表側	葉の裏側
蒸散が行われたところ	葉の表側 葉の裏側 茎	－ 葉の裏側 茎	葉の表側 － 茎
水の減少量〔mL〕	3.0	2.4	0.8

ワセリンをぬったところでは**蒸散が行われない！**葉の表側にワセリンをぬると，
→葉の表側では蒸散が行われない。
→葉の裏側と茎からの蒸散量がわかる。

葉の表側からの蒸散量＝A－B＝3.0－2.4＝**0.6**〔mL〕
葉の裏側からの蒸散量＝A－C＝3.0－0.8＝**2.2**〔mL〕

まとめ

葉からの蒸散量は，表側よりも裏側のほうが多い。
➡**気孔は葉の裏側に多くある。**

解いてみよう！　　解答 p.5

1　植物のからだから水が出ていくようすについて調べるために，次のような実験を行いました。あとの問いに答えましょう。

〔実験〕

①葉の枚数や大きさがほぼ同じホウセンカの枝を用意し，図のように処理をして，同量の水を入れたメスシリンダーにさし，水面に油をたらした。

②明るく風通しのよいところに数時間置き，水の減少量を調べた。

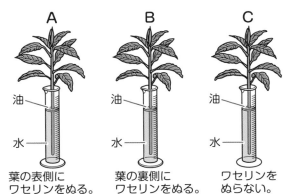

A　葉の表側にワセリンをぬる。

B　葉の裏側にワセリンをぬる。

C　ワセリンをぬらない。

(1)　結果をまとめた次の表の①，②に語句を入れましょう。

	A	B	C
ワセリンをぬったところ	葉の表側	葉の裏側	なし
水が出ていったところ	①　　　　茎	②　　　　茎	葉の表側 葉の裏側 茎
水の減少量〔mL〕	5.2	1.6	6.4

(2)　出ていった水の量がもっとも多いのは，葉の表側，葉の裏側，茎のどの部分ですか。

(3)　植物のからだの表面から，水が水蒸気となって出ていくことを何といいますか。

(4)　(3)がおもに行われる，葉の表面にある小さなすきまを何といいますか。

コレだけ！

- □　植物のからだの表面から，水が水蒸気となって出ていくことを蒸散という。
- □　蒸散はおもに，気孔で行われる。

光合成が行われる場所を調べよう！

 植物の葉は，日光がよく当たるように，重ならないようについているんじゃ。植物が光を受けると，どんなことが起こるのかな？

植物が光を受けて**デンプン**などの養分をつくるはたらきを**光合成**といいます。
では，光合成は植物のどの部分で行われるのか見てみましょう。

◆ 光合成が行われる場所を調べる実験 ◆

実験方法

①ふ入りのアサガオの葉の一部をアルミニウムはくでおおい，一晩置く。

②翌日，日光をじゅうぶんに当てる。

③アルミニウムはくをはずし，葉を湯にひたしたあと，あたためたエタノールに入れて脱色し，水洗いする。

④ヨウ素液にひたして色の変化を調べる。

緑色でない部分には葉緑体がないよ！

A（緑色の部分）　C（緑色でない部分）
B（緑色の部分）
アルミニウムはく
D（緑色でない部分）
エタノール
湯
ヨウ素液

実験結果

この表がカギ！

葉の色の変化

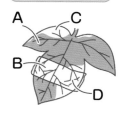

	A	B	C	D
光	当たる	当たらない	当たる	当たらない
葉緑体	ある	ある	ない	ない
ヨウ素液の反応	青紫色	変化なし	変化なし	変化なし

ヨウ素液で青紫色に変化
→**デンプン**ができた。
→**光合成**が行われた。

まとめ

・AとBの結果を比べる→光合成には光が必要。
・AとCの結果を比べる→光合成には葉緑体が必要。
➡光合成は葉緑体で行われる。

調べたいこと以外の条件をすべて同じにして行う実験を**対照実験**といいます。

解いて みよう！ 　　解答 p.6

1 光合成について調べるために，次のような実験を行いました。あとの問いに答えましょう。

〔実験〕

① ふ入りのアサガオの葉の一部をアルミニウムはくでおおい，一晩暗室に置いた。翌日，日光がよく当たる場所に数時間置いた。

② アルミニウムはくをはずし，葉を湯にひたしたあと，あたためたエタノールに入れて脱色し，水で洗った。

③ ヨウ素液にひたして，色の変化を調べた。

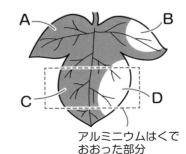

アルミニウムはくで
おおった部分

(1) 結果をまとめた次の表の①～③に語句を入れましょう。

	A	B	C	D
光	当たる	当たる	①	当たらない
葉緑体	ある	②	ある	ない
ヨウ素液の反応	③　　　色	変化なし	変化なし	変化なし

(2) 光合成によって葉にできる養分は何ですか。

(3) AとBの結果を比べると，光合成には何が必要なことがわかりますか。

(4) 調べたいこと以外の条件をすべて同じにして行う実験を何といいますか。

コレだけ！

□ 植物が光を受けてデンプンなどの養分をつくるはたらきを光合成という。

□ 光合成は葉緑体で行われる。

光合成での気体の出入りを調べよう!

植物の緑の部分に光が当たると光合成が行われるんじゃ。光合成に使われる気体は何じゃろう?また, どんな気体ができるのじゃろうか?

植物が光合成を行うときに必要な気体を次の実験で調べてみましょう。

◆ 光合成に使われる気体を調べる実験 ◆

（実験方法）

① 試験管を3本（**A**, **B**, **C**）用意し, 試験管**A**, **B**にタンポポの葉を入れる。

② 3本の試験管に息をふきこみ, ゴム栓をする。試験管**B**はアルミニウムはくでおおう。

③ 日光をじゅうぶんに当てたあと, 試験管**A**〜**C**に石灰水を入れてよく振り, 変化を調べる。

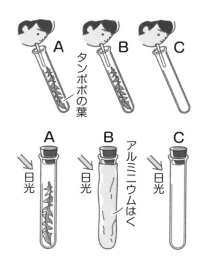

（実験結果）

この図がカギ!

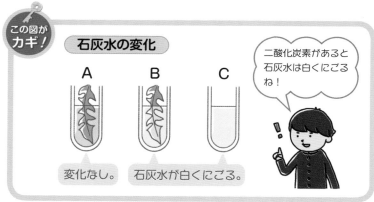

石灰水の変化

A　変化なし。

B　石灰水が白くにごる。

C

二酸化炭素があると石灰水は白くにごるね!

まとめ

タンポポの葉を入れて光を当てた試験管**A**だけが白くにごらなかった。

➡ **光合成を行うとき, 二酸化炭素が使われる。**

植物は, 光を受けて水と**二酸化炭素**からデンプンなどの養分をつくります。このとき, **酸素**もつくられます。

光合成のしくみ

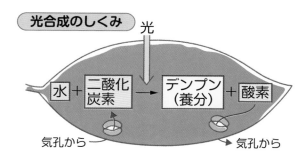

光

水 ＋ 二酸化炭素 → デンプン（養分） ＋ 酸素

気孔から　　　　　　　　　　　　　　気孔から

解いてみよう！

1 光合成に使われる気体について調べるために，次のような実験を行いました。あとの問いに答えましょう。

〔実験〕

①試験管A～Cを用意し，試験管A，Bには同じ大きさのタンポポの葉を入れ，試験管Cは何も入れずに，それぞれ息をふきこんでゴム栓をした。

②試験管Bをアルミニウムはくでおおい，試験管A～Cを，日光の当たる場所に数時間置いた。

③試験管A～Cに石灰水を入れてよく振り，変化を調べた。

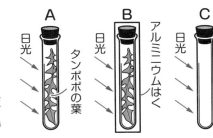

(1) 試験管Aに入れた石灰水は，白くにごりますか。

(2) 試験管A，Bのどちらに入れたタンポポの葉が光合成を行いましたか。

(3) AとBを比べると，光合成によって使われた気体は何であることがわかりますか。

2 次の問いに答えましょう。

(1) 光合成に必要な気体は何ですか。

(2) (1)のほかに，光合成に必要な物質は何ですか。

(3) 光合成でできる気体は何ですか。

コレだけ！

□ 光合成が行われるとき，二酸化炭素と水が使われる。

□ 光合成が行われると，デンプンができる。このとき，酸素もできる。

葉から出入りする気体を調べよう！

わたしたちはふだん呼吸をしているのぅ。植物も同じように呼吸をしているんじゃろうか？

　動物は，**呼吸**によって，酸素をとり入れて二酸化炭素を出しています。
植物も呼吸を行っているのか，次の実験で調べてみましょう。

◆ 植物の呼吸を調べる実験 ◆

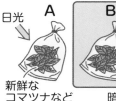

日光

A　　B　　C

新鮮な
コマツナなど　　暗い場所

石灰水

実験方法

①透明な袋を3つ（A，B，C）用意し，袋A，Bに
植物を入れて口を閉じる。

②袋Aを明るい場所に置き，袋B，Cは暗い場所に置く。

③袋A〜Cの中の気体を石灰水に通し，変化を調べる。

実験結果

袋	A	B	C
石灰水の変化	変化なし	白くにごった	ほとんど変化なし

 まとめ

　植物を入れて暗い場所に置いた袋Bの石灰水が白く
にごった。
➡植物も呼吸を行い，二酸化炭素を出している。

・袋Aの植物も袋B
の植物も呼吸を行
っている。

・袋Aの植物は光合
成も行っている。

❶ 光合成と呼吸

　植物は，昼は光合成と
呼吸の両方を行います。
　夜は，呼吸のみを行い
ます。

昼は呼吸よりも光合
成のほうがさかんな
んだ！

この図が
カギ！

光合成と呼吸

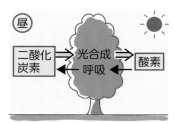

昼

二酸化炭素 ⇒ 光合成 ⇒ 酸素
　　　　← 呼吸 ←

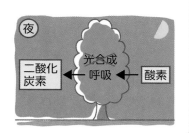

夜

二酸化炭素 ← 光合成 ← 酸素
　　　　　呼吸

解いてみよう！

解答 p.6

1 植物のはたらきについて調べるために，次のような実験を行いました。あとの問いに答えましょう。

〔実験〕

①透明な袋A〜Cを用意し，袋A，Bには植物を入れ，袋Cには空気を入れて口を閉じた。

②袋Aを明るい場所に置き，袋B，Cは暗い場所に置いた。

③袋A〜Cの中の気体を石灰水に通し，変化を調べた。

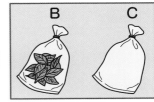

暗い場所

(1) 実験③の結果，袋A〜Cのうち，1つの袋だけ石灰水が白くにごりました。白くにごった袋はA〜Cのどれですか。

(2) (1)で石灰水が白くにごったのは，袋の中に何という気体がふえたからですか。

(3) (2)の気体がふえたのは，植物が何というはたらきを行ったからですか。

2 次の図のA，Bにあてはまる気体を答えましょう。

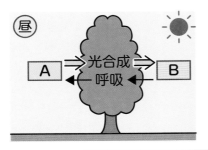
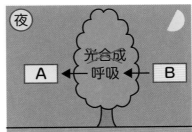

A

B

コレだけ！

☐ **植物も呼吸を行い，二酸化炭素を出している。**

☐ **植物は，昼は光合成と呼吸の両方を行うが，光合成のほうがさかんである。**

だ液のはたらきを調べよう！

 ご飯をかんでいるとあまく感じるのは，ご飯にふくまれているデンプンが，だ液によって変化しているからなんじゃ。だ液にはどんなはたらきがあるのか調べてみよう！

◆ だ液のはたらきを調べる実験 ◆

実験方法

①試験管 A_1，A_2 にはデンプン溶液とうすめただ液を入れ，試験管 B_1，B_2 にはデンプン溶液と水を入れる。この試験管を，約40℃の湯に5〜10分つける。

②試験管 A_1，B_1 にヨウ素液を数滴入れ，色の変化を調べる。

③試験管 A_2，B_2 にベネジクト液を数滴入れて加熱し，色の変化を調べる。

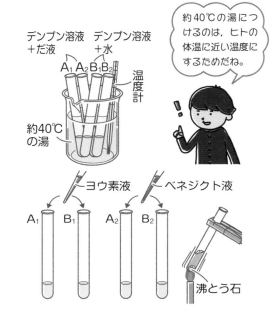

約40℃の湯につけるのは，ヒトの体温に近い温度にするためだね。

実験結果

	ヨウ素液の反応	ベネジクト液の反応
デンプン＋だ液	A_1 変化しない。 →デンプンがない	A_2 赤褐色の沈殿ができる。 →麦芽糖などがある
デンプン＋水	B_1 青紫色に変化する。 →デンプンがある	B_2 変化しない。 →麦芽糖などがない

ここがカギ！
・ヨウ素液→デンプンがあると**青紫色**になる。
・ベネジクト液→麦芽糖などがあると加熱したとき**赤褐色の沈殿**ができる。

まとめ

・A_1 と B_1 の結果を比べる→だ液のはたらきで，**デンプンがなくなった**。
・A_2 と B_2 の結果を比べる→だ液のはたらきで，**麦芽糖など**ができた。
➡だ液のはたらきで，**デンプンが麦芽糖などに分解された**。

解いて みよう！

解答 p.6

1 液の色の変化について，次の①〜④にあてはまる語句を入れましょう。

●ヨウ素液の反応

①［　　　　　　］ があると
②［　　　　　　］ 色になる。

●ベネジクト液の反応

③［　　　　　　　　　］ などがあると

加熱したとき ④［　　　　　　　　　］

色の沈殿ができる。

2 だ液のはたらきについて調べるために，次のような実験を行いました。あとの問いに答えましょう。

〔実験〕①試験管 A_1，A_2 にはデンプン溶液とうすめただ液を，試験管 B_1，B_2 にはデンプン溶液と水を入れて，図1のように，約40℃の湯に5〜10分つけた。

②図2のように，試験管 A_1，B_1 にはヨウ素液を数滴入れて色の変化を調べ，試験管 A_2，B_2 にはベネジクト液を数滴入れて加熱し，色の変化を調べた。

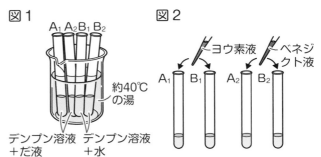

図1

A_1 A_2 B_1 B_2

約40℃の湯

デンプン溶液＋だ液　デンプン溶液＋水

図2

ヨウ素液　ベネジクト液

A_1　B_1　　A_2　B_2

(1) 実験の②でヨウ素液を入れたとき，液の色が青紫色に変化したのは，A_1，B_1 のどちらですか。

［　　　　　　　］

(2) 実験の②でベネジクト液を入れて加熱したとき，赤褐色の沈殿ができたのは，A_2，B_2 のどちらですか。

［　　　　　　　］

(3) これらの結果から，デンプンを麦芽糖などに分解したものは何であるといえますか。

［　　　　　　　］

コレだけ！

□ ベネジクト液は，麦芽糖などがあると加熱したとき赤褐色の沈殿を生じる。

□ だ液によって，デンプンは麦芽糖などに分解される。

消化についておさえよう！

食物は口に入ったあと，どうやって栄養に変わるんじゃろうか？
食物のゆくえを見てみよう！

❶ 消化

食物にふくまれるおもな養分として，**炭水化物**（デンプンなど）や**タンパク質**，**脂肪**などがあります。

養分は，からだにとりこみやすい物質に分解されます。このはたらきを消化といいます。

❷ 消化のしくみ

食物は，口に入ったあと，食道→胃→小腸→大腸→肛門と消化管を通ります。

消化管を通るあいだに，消化液にふくまれる**消化酵素**のはたらきによって分解されます。

消化にかかわる器官

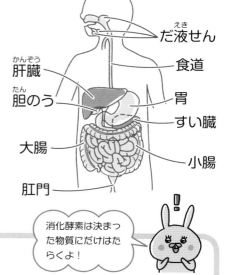

消化酵素は決まった物質にだけはたらくよ！

この図がカギ！

食物の消化

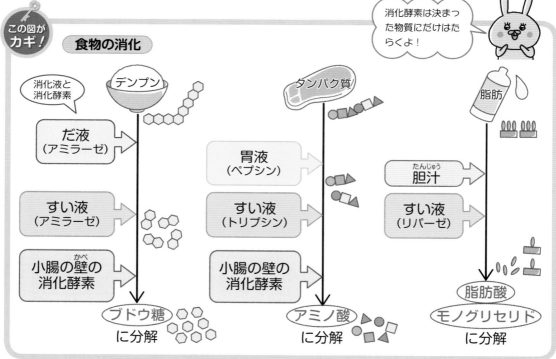

消化酵素によって，デンプンは**ブドウ糖**，タンパク質は**アミノ酸**，脂肪は，**脂肪酸**と**モノグリセリド**に分解されます。

解いてみよう！

解答 p.7

1 次の図の①〜⑤にあてはまる語句を入れましょう。

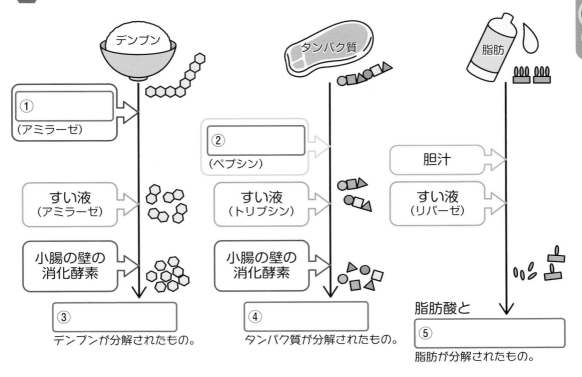

①
（アミラーゼ）

すい液
（アミラーゼ）

小腸の壁の
消化酵素

③

デンプンが分解されたもの。

②
（ペプシン）

すい液
（トリプシン）

小腸の壁の
消化酵素

④

タンパク質が分解されたもの。

胆汁

すい液
（リパーゼ）

脂肪酸と

⑤

脂肪が分解されたもの。

2 次の問いに答えましょう。

(1) 消化液にふくまれる，食物を分解するはたらきのある物質を何といいますか。

(2) だ液にふくまれる(1)を何といいますか。

(3) デンプンは，(1)のはたらきによって最終的に何に分解されますか。

(4) 脂肪は，(1)のはたらきによってモノグリセリドと何に分解されますか。

コレだけ！

□ **食物は，消化液にふくまれる**消化酵素**のはたらきによって分解される。**

　　デンプン→ブドウ糖　　　**タンパク質→**アミノ酸　　　**脂肪→**脂肪酸，モノグリセリド

養分の吸収についておさえよう！

消化によって小さく分解された物質は，どこからからだの中にとりこまれるんじゃろうか？そのしくみを見ていこう！

❶ 吸収

消化された養分は，小腸の壁（かべ）から吸収されます。

小腸の壁にはたくさんのひだがあり，表面には柔毛（じゅうもう）という突起（とっき）があります。

ブドウ糖とアミノ酸は，柔毛で吸収されて毛細血管（もうさいけっかん）という細い血管に入ります。

脂肪酸（しぼうさん）とモノグリセリドは，柔毛で吸収されたあと，再び脂肪となってリンパ管（かん）に入ります。

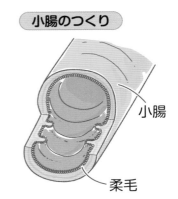

小腸のつくり

小腸

柔毛

この図がカギ！

柔毛のつくり

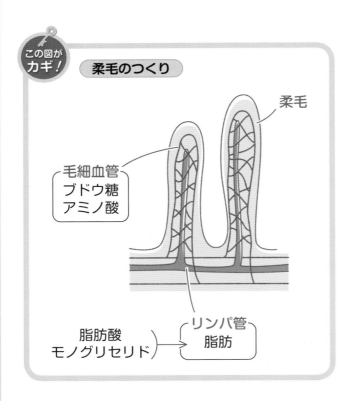

柔毛

毛細血管
ブドウ糖
アミノ酸

脂肪酸
モノグリセリド

リンパ管
脂肪

柔毛があることで，小腸の表面積が大きくなり，効率よく養分の吸収ができるんじゃ。

そうなんだー

ここにも注目
毛細血管に入ったブドウ糖やアミノ酸は，肝臓（かんぞう）を通って，全身に運ばれる。

解いて みよう！

解答 p.7

1 次の図の①〜③にあてはまる語句を入れましょう。

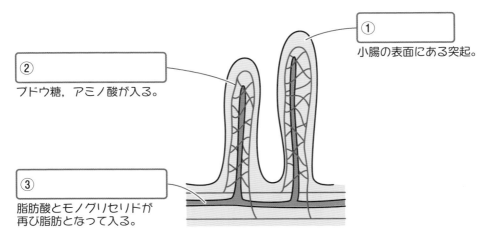

① 小腸の表面にある突起。

② ブドウ糖，アミノ酸が入る。

③ 脂肪酸とモノグリセリドが
再び脂肪となって入る。

2 右の図は，小腸の壁の表面にある柔毛を模式的に表したもの
です。次の問いに答えましょう。

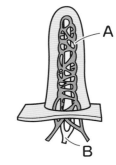

A

B

(1) 柔毛がたくさんあることで，小腸の表面積はどうなりますか。

(2) 柔毛から吸収されて，図のAに入る物質は何ですか。2つ答
えましょう。

(3) 柔毛から吸収されたあと，再び脂肪となって図のBに入る物質は何ですか。2つ
答えましょう。

コレだけ！

□ ブドウ糖とアミノ酸は，柔毛で吸収されて毛細血管という細い血管に入る。

□ 脂肪酸とモノグリセリドは，柔毛で吸収されたあと再び脂肪となってリンパ管に入る。

呼吸のしくみをおさえよう！

 わたしたちは，呼吸によって酸素をとり入れ，二酸化炭素を出しておるんじゃ。ここでは呼吸のしくみを見ていこう！

❶ 肺による呼吸

空気中の酸素をとり入れ，血液中の二酸化炭素を出すはたらきを**肺による呼吸**（肺呼吸）といいます。

鼻や口から吸いこまれた空気は，気管を通って肺に入ります。

気管は枝分かれして気管支となり，気管支の先には**肺胞**という小さい袋のようなつくりがたくさんついています。

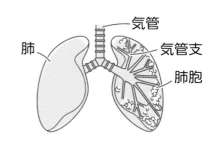

この図が**カギ！**

肺のつくり

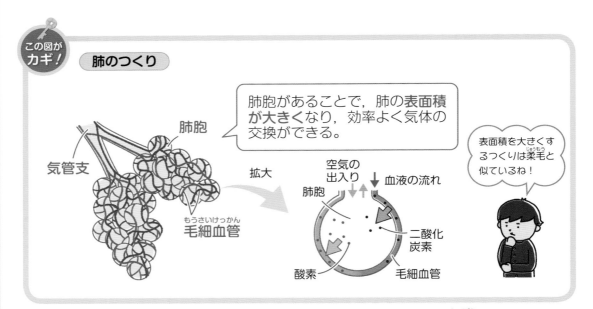

肺胞があることで，肺の**表面積が大きく**なり，効率よく気体の交換ができる。

表面積を大きくするつくりは柔毛と似ているね！

肺胞内の酸素は，毛細血管を流れる血液中にとりこまれて全身の細胞に運ばれます。また，血液中の二酸化炭素は肺胞に出され，息をはくときにからだの外に出されます。

❷ 細胞の呼吸

血液中にとりこまれた酸素は細胞に運ばれます。

細胞では，酸素と養分からエネルギーをつくり出します。これを**細胞の呼吸**（細胞呼吸）といいます。

このとき，二酸化炭素と水ができます。

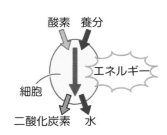

解いて みよう！　　解答 p.7

1 次の図の①〜④にあてはまる語句を入れましょう。

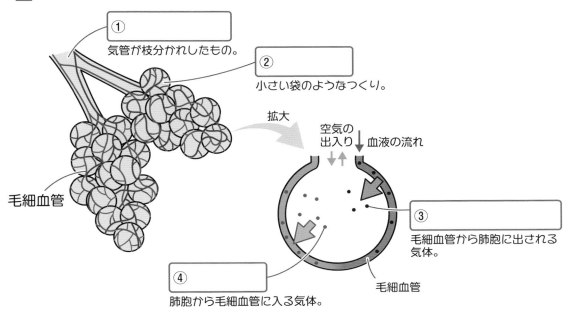

① 気管が枝分かれしたもの。

② 小さい袋のようなつくり。

拡大

空気の出入り　血液の流れ

毛細血管

③ 毛細血管から肺胞に出される気体。

毛細血管

④ 肺胞から毛細血管に入る気体。

2 肺のつくりについて，次の問いに答えましょう。

(1) 気管支の先にある小さな袋のようなつくりを何といいますか。

(2) (1)があることで，肺の表面積はどうなりますか。

3 次の問いに答えましょう。

(1) 細胞で酸素と養分からエネルギーをつくり出すことを何といいますか。

(2) (1)によってエネルギーをつくり出すとき，二酸化炭素と何ができますか。

コレだけ！

☐ 気管支の先には肺胞という小さい袋のようなつくりがたくさんある。

☐ 肺胞から毛細血管の血液中に酸素をとり入れ，二酸化炭素を肺胞へ出す。

心臓のつくりを覚えよう！

運動したり，緊張したりすると胸がドキドキするじゃろ？これは心臓の動きによるものなんじゃ。心臓はどんなつくりになっているのかな？

❶ 心臓のつくり

　心臓は血液をからだ中に循環（じゅんかん）させるポンプのはたらきをしています。

　ヒトの心臓は，右心房（う しんぼう），右心室（う しんしつ），左心房（さ しんぼう），左心室（さ しんしつ）という４つの部屋に分かれています。

> 心臓の大きさは，自分のにぎりこぶしと同じくらいなんじゃよ！

この図がカギ！

心臓のつくり

> 図に表すと左右が逆になっているから気をつけないとね！

> 上にあるのが心房，下にあるのが心室だね！

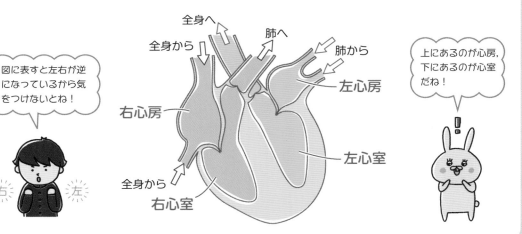

全身へ
全身から
肺へ
肺から
左心房
右心房
左心室
全身から
右心室

❷ 動脈（どうみゃく）と静脈（じょうみゃく）

　心臓から送り出される血液が流れる血管を動脈といいます。

　一方，心臓にもどってくる血液が流れる血管を静脈といいます。

　静脈には，血液の逆流を防ぐ弁（べん）があります。

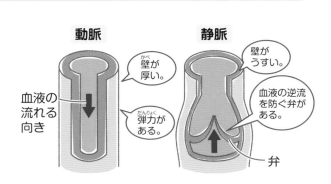

動脈　静脈

血液の流れる向き

壁（かべ）が厚い。

弾力（だんりょく）がある。

壁がうすい。

血液の逆流を防ぐ弁がある。

弁

解いて みよう！　　解答 p.7

1 次の図の①〜④にあてはまる語句を入れましょう。

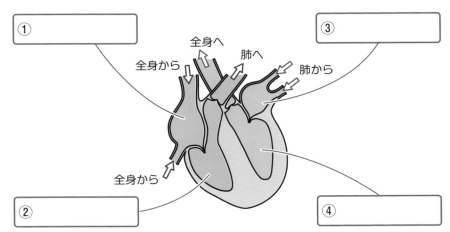

①

③

全身へ　　肺へ

全身から　　　　肺から

全身から

②

④

2 右の図は，ヒトの心臓のつくりを模式的に表したもので，A〜Dは血管を表しています。次の問いに答えましょう。

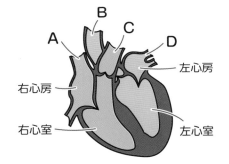

B

A　　C　　D

右心房　　　　　　左心房

右心室　　　　　　左心室

(1) 心臓から送り出される血液が流れる血管はどれですか。A〜Dから2つ選びましょう。

(2) (1)の血管を何といいますか。

(3) 肺から心臓へもどってくる血液が流れる血管はどれですか。A〜Dから選びましょう。

コレだけ！

☐ 心臓は，右心房，右心室，左心房，左心室という4つの部屋に分かれている。

☐ 心臓から送り出される血液が流れる血管を動脈，心臓にもどってくる血液が流れる血管を静脈という。

血液が流れるしくみをおさえよう！

心臓は血液を送り出すポンプの役目をしているんじゃったのう。
ヒトのからだの血液の流れはどうなっているんじゃろう？

❶ 血液の循環

血液は，２つの道すじを通って体内を循環しています。

心臓から肺を通って心臓にもどる道すじを**肺循環**といいます。
心臓から肺以外の全身を通って心臓にもどる道すじを**体循環**といいます。

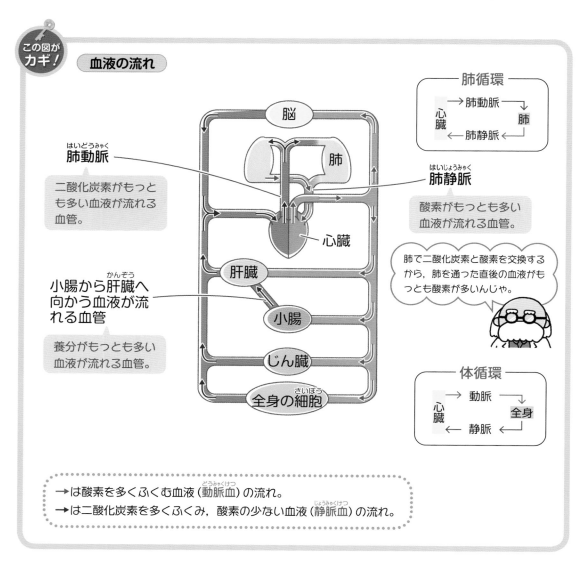

この図がカギ！

血液の流れ

肺循環
心臓 → 肺動脈 → 肺 → 肺静脈 → 心臓

肺動脈
二酸化炭素がもっとも多い血液が流れる血管。

肺静脈
酸素がもっとも多い血液が流れる血管。

肺で二酸化炭素と酸素を交換するから，肺を通った直後の血液がもっとも酸素が多いんじゃ。

小腸から肝臓へ向かう血液が流れる血管
養分がもっとも多い血液が流れる血管。

脳／肺／心臓／肝臓／小腸／じん臓／全身の細胞

体循環
心臓 → 動脈 → 全身 → 静脈 → 心臓

→は酸素を多くふくむ血液（動脈血）の流れ。
→は二酸化炭素を多くふくみ，酸素の少ない血液（静脈血）の流れ。

解いて みよう！

解答 p.8

1 次の図の①〜④にあてはまる語句を入れましょう。

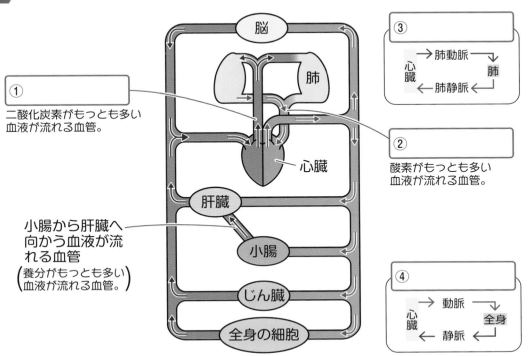

① 二酸化炭素がもっとも多い血液が流れる血管。

② 酸素がもっとも多い血液が流れる血管。

小腸から肝臓へ向かう血液が流れる血管（養分がもっとも多い血液が流れる血管。）

③
心臓 →肺動脈→ 肺 ← 肺静脈←

④
心臓 → 動脈 → 全身 ← 静脈 ←

2 次の問いに答えましょう。

（1）血液が，心臓から肺を通って心臓にもどる道すじを何といいますか。

（2）血液が，心臓から肺以外の全身を通って心臓にもどる道すじを何といいますか。

（3）体内を循環する血液のうち，酸素を多くふくむ血液を何といいますか。

（4）全身の血管の中で肺動脈を流れる血液に多くふくまれるのは，酸素と二酸化炭素のどちらですか。

コレだけ！

☐ **血液が，心臓から肺を通って心臓にもどる道すじを肺循環という。**

☐ **血液が，心臓から肺以外の全身を通って心臓にもどる道すじを体循環という。**

血液の成分を覚えよう！

血液の赤色の正体はいったい何じゃろう？血液について調べてみよう！

❶ 血液の成分

血液は，固形成分である**赤血球**，**白血球**，**血小板**と，液体成分である**血しょう**からできています。

赤血球には**ヘモグロビン**という赤い物質がふくまれていて，これによって酸素が運ばれています。

血しょうが毛細血管からしみ出したものを**組織液**といいます。
組織液は，細胞と毛細血管の間で物質のやりとりのなかだちをしています。

成分		はたらき
赤血球		酸素を運ぶ。
白血球		細菌などを分解する。
血小板		出血した血液を固める。
血しょう(液体)		養分や不要物を運ぶ。

血液の赤色はヘモグロビンの色だよ！

この図がカギ！ **血液の成分**

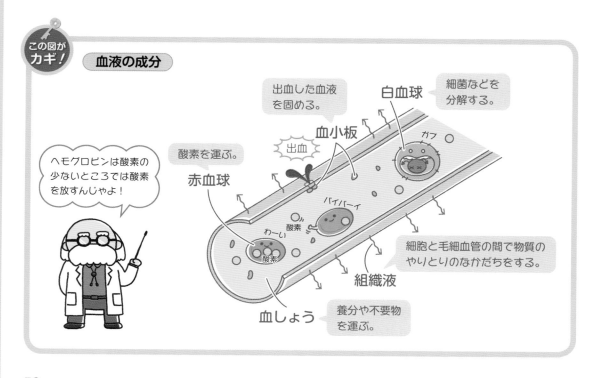

ヘモグロビンは酸素の少ないところでは酸素を放すんじゃよ！

出血した血液を固める。

細菌などを分解する。

白血球

血小板

出血

酸素を運ぶ。

赤血球

細胞と毛細血管の間で物質のやりとりのなかだちをする。

組織液

血しょう

養分や不要物を運ぶ。

解答 p.8

解いて みよう！

1 次の図の①～④にあてはまる語句を入れましょう。

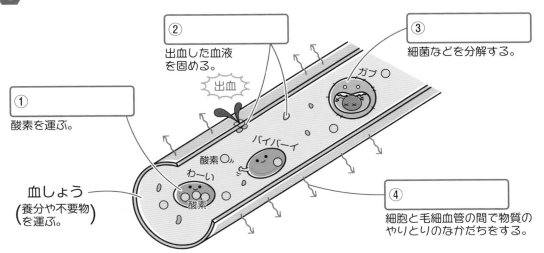

② 出血した血液を固める。

③ 細菌などを分解する。

① 酸素を運ぶ。

血しょう
(養分や不要物を運ぶ。)

出血

バイバーイ

ガブ○

酸素○

酸素○

わーい
酸素

④ 細胞と毛細血管の間で物質のやりとりのなかだちをする。

2 血液の成分について，次の問いに答えましょう。

(1) 白血球のはたらきを，次の**ア**～**エ**から選びましょう。

　ア　出血した血液を固める。

　イ　養分や不要物を運ぶ。

　ウ　酸素を運ぶ。

　エ　細菌などを分解する。

(2) 赤血球にふくまれる，赤色の物質を何といいますか。

(3) 血液の成分のうち，液体のものを何といいますか。

(4) (3)が毛細血管からしみ出したものを何といいますか。

コレだけ！

- [ ] **血液の成分**　　固形成分…赤血球，白血球，血小板　　液体成分…血しょう
- [ ] **血しょうが毛細血管からしみ出したものを組織液という。**

排出

排出のしくみをおさえよう！

からだの中でいらなくなった物質はどうやってからだの外に出ていくんじゃろうか？そのしくみを見ていこう！

❶ 排出

細胞でできた二酸化炭素や，**アンモニア**などの不要物をからだの外に出すはたらきを**排出**といいます。

例えば，二酸化炭素は肺によってからだの外に排出されます。

また，有害なアンモニアは，肝臓に運ばれて害の少ない**尿素**に変えられます。

尿素は**じん臓**に送られて血液中からこし出され，**尿**として**ぼうこう**に一時的にためられてから排出されます。

アンモニアはタンパク質を分解するときにできるんじゃよ！

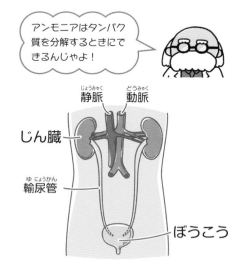

静脈　動脈
じん臓
輸尿管
ぼうこう

この図がカギ！

アンモニアの排出

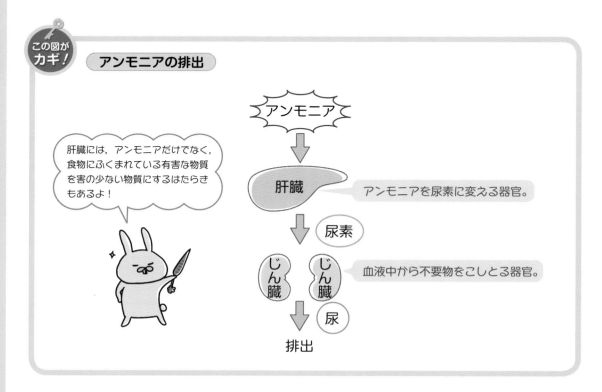

肝臓には，アンモニアだけでなく，食物にふくまれている有害な物質を害の少ない物質にするはたらきもあるよ！

アンモニア
↓
肝臓 — アンモニアを尿素に変える器官。
↓
尿素
じん臓　じん臓 — 血液中から不要物をこしとる器官。
↓
尿
排出

解いて みよう！

解答 p.8

1 次の図の①，②にあてはまる語句を入れましょう。

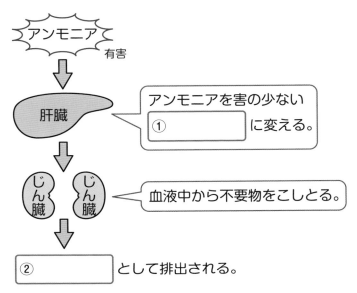

2 次の問いに答えましょう。

(1) 二酸化炭素やアンモニアなどの不要物をからだの外に出すはたらきを何といいますか。

(2) 細胞のはたらきによってできた有害なアンモニアを害の少ない物質に変える器官はどこですか。

(3) (2)でアンモニアが変えられた，害の少ない物質を何といいますか。

(4) (3)が血液中からこしとられる器官はどこですか。

(5) (4)でつくられた尿が一時的にためられる器官はどこですか。

コレだけ！

☐ 有害なアンモニアは，肝臓に運ばれて害の少ない尿素に変えられる。

☐ 尿素はじん臓に送られて血液中からこし出され，尿として排出される。

ステージ 27 感覚器官

刺激を受けとる器官を覚えよう！

わたしたちは，いろいろな刺激を感じながら生きておるんじゃ。
刺激はどのように伝わるのか見てみよう！

❶ 感覚器官

光や音などの刺激を受けとる器官を**感覚器官**といいます。
ヒトの感覚器官には，次のようなものがあります。

感覚器官	はたらき
目（視覚）	光の刺激を受けとる。
耳（聴覚）	音の刺激を受けとる。
鼻（嗅覚）	においの刺激を受けとる。
舌（味覚）	味の刺激を受けとる。
皮ふ（触覚）	温度，痛みなどの刺激を受けとる。

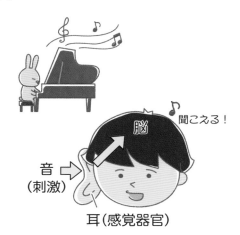

それぞれの感覚器官で受けとった刺激は，神経を通って脳に信号として伝えられます。
例えば音の刺激を耳で受けとると，その信号は脳に伝えられ，「聞こえる」と感じます。

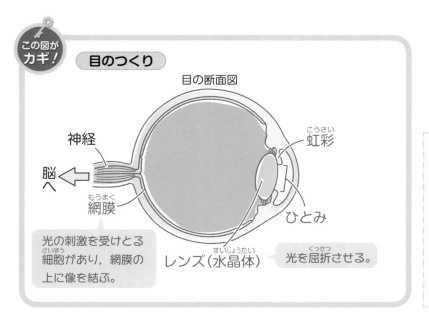

この図がカギ！

目のつくり

目の断面図

神経

脳へ

網膜

光の刺激を受けとる細胞があり，網膜の上に像を結ぶ。

虹彩

ひとみ

レンズ（水晶体）
光を屈折させる。

ここにも注目

音の刺激の伝わり方
空気の振動を鼓膜でとらえる。

↓

耳小骨で，鼓膜の振動をうずまき管に伝える。

↓

うずまき管から神経を通って信号を脳に伝える。

62

解いて みよう！　　解答 p.8

1 次の図は目のつくりを表したものです。①，②にあてはまる語句を入れましょう。

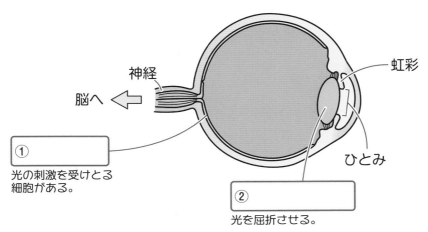

神経

脳へ

虹彩

①
光の刺激を受けとる
細胞がある。

②
光を屈折させる。

ひとみ

2 ヒトの刺激を受けとる器官について，次の問いに答えましょう。

(1) 光や音などの刺激を受けとる器官を何といいますか。

(2) (1)のうち，温度や痛みなどの刺激を受けとる器官は何ですか。

(3) 図は，目の断面を模式的に表したものです。
目のつくりのうち，目に入ってきた光を屈折さ
せるはたらきがある部分はどこですか。A〜C
から選びましょう。

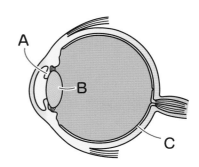

A

B

C

コレだけ！

☐ 光や音などの刺激を受けとる器官を感覚器官という。

☐ ヒトの感覚器官には，目（視覚），耳（聴覚），鼻（嗅覚），舌（味覚），皮ふ（触覚）
などがある。

刺激の伝わり方をおさえよう！

「後ろから肩をたたかれたのでふり向いた」なんて経験はあるじゃろ？
どんなしくみで起こる行動なのか見てみよう！

❶ 刺激と反応

刺激を受けて判断や命令を行うのは，脳やせきずいで，これは**中枢神経**とよばれます。

また，中枢神経から枝分かれして全身に広がる神経を**末しょう神経**といいます。

末しょう神経には，感覚器官から中枢神経に刺激を伝える**感覚神経**と，中枢神経から筋肉へ命令を伝える**運動神経**があります。

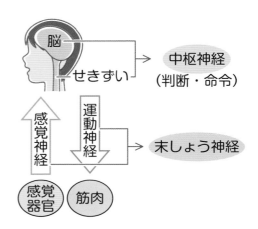

脳やせきずいからの命令が筋肉に伝わると，反応が起こります。

反応には，意識して起こす反応と，無意識に起こる反応があり，無意識に起こる反応を**反射**といいます。

この図がカギ！

意識して起こす反応

後ろから肩をたたかれたのでふり向いた。

感覚器官 → 感覚神経 → せきずい → 脳 → せきずい → 運動神経 → 筋肉

無意識に起こる反応（反射）

熱いやかんにさわってしまい，思わず手を引っこめた。

感覚器官 → 感覚神経 → せきずい → 運動神経 → 筋肉

左の例のような反射では，せきずいから直接，命令が伝えられるよ。

解いて みよう！　　解答 p.9

1　次の反応の，刺激や命令の信号の伝わり方について，①〜③にあてはまる語句を入れましょう。

●意識して起こる反応

　　例　手に水がかかったので，タオルでふいた。

感覚器官→ 感覚神経 → せきずい →　①　　　→ せきずい → 運動神経 → 筋肉

●無意識に起こる反応

　　例　アイロンの熱い部分に手がふれて，思わず手を引っこめた。

感覚器官→　②　　　　　→　③　　　　　→ 運動神経 → 筋肉

2　次の問いに答えましょう。

(1) 脳やせきずいをまとめて何といいますか。

(2) 感覚神経や運動神経をまとめて何といいますか。

(3) (1)から筋肉へ命令を伝える神経は，感覚神経と運動神経のどちらですか。

3　次の問いに答えましょう。

(1) 刺激に対して無意識に起こる反応について，刺激や命令が伝わる経路は**ア**，**イ**のどちらですか。

　　ア　感覚器官→感覚神経→せきずい→脳→せきずい→運動神経→筋肉

　　イ　感覚器官→感覚神経→せきずい→運動神経→筋肉

(2) 無意識に起こる反応を何といいますか。

コレだけ！

□ 脳やせきずいを中枢神経といい，感覚神経や運動神経を末しょう神経という。

□ 無意識に起こる反応を反射という。

ステージ 29　運動のしくみ

からだが動くしくみを見てみよう！

わたしたちのからだはたくさんの骨と筋肉のおかげで動かすことができるんじゃ！そのしくみはどうなっているのか見てみよう！

❶ からだが動くしくみ

骨が組み合わさったものを骨格（こっかく）といいます。

骨格にはからだを支える，脳や内臓を守るなどのはたらきがあります。

骨と骨のつなぎ目を関節（かんせつ）といい，筋肉が骨とつながっている両端（りょうたん）の部分をけんといいます。

からだは関節の部分で曲げられます。

うでの筋肉のしくみは下の図のようになっています。

うでを曲げたりのばしたりするとき，一方の筋肉がちぢんで，もう一方の筋肉がゆるみます。

ヒトの骨格

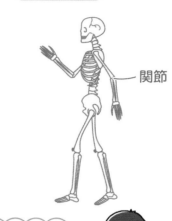

関節

> 頭がい骨は脳を守っているんだね！

この図がカギ！

うでを曲げるとき

けん　筋肉がちぢむ。

ゆるむ。　けん

うでをのばすとき

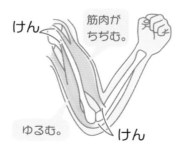

ゆるむ。

ちぢむ。

> うでをのばしたとき，曲げたときとは逆の筋肉がちぢんでいるよ。

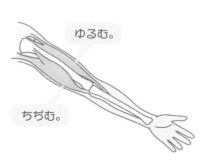

解いて みよう！

解答 p.9

1 次の図の①～③にあてはまる語句を入れましょう。

●うでを曲げるとき

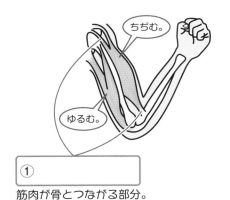

ちぢむ。

ゆるむ。

①

筋肉が骨とつながる部分。

●うでをのばすとき

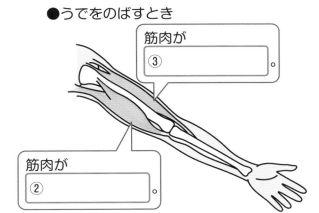

筋肉が

③

筋肉が

②

2 右の図は，ヒトのうでの筋肉と骨の一部を模式的に示したものです。次の問いに答えましょう。

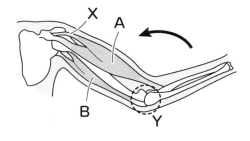

X　A

B

Y

(1) 筋肉が骨とつながっている**X**の部分を何といいますか。

(2) 骨と骨のつなぎ目になる**Y**の部分を何といいますか。

(3) 図の矢印の向きにうでを曲げたとき，ゆるむ筋肉は**A**，**B**のどちらですか。

コレだけ！

□ 骨が組み合わさったものを**骨格**という。

□ 骨と骨のつなぎ目を**関節**といい，筋肉が骨とつながっている部分を**けん**という。

確認テスト

1 図1は，ヒマワリの茎の断面，図2はヒマワリの葉の断面のようすを表したものです。次の問いに答えましょう。（8点×3）

▶ステージ **13** **14**

図1

図2

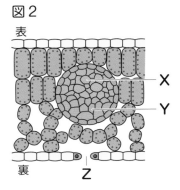

(1) 根から吸収された水や肥料分が通るのはどこですか。図1のA，B，図2のX，Yからそれぞれ選びましょう。

図1 [　　　] 図2 [　　　]

(2) 図2のZは，2つの孔辺細胞に囲まれたすきまです。Zを何といいますか。

[　　　]

2 光合成について調べるために，次のような実験を行いました。あとの問いに答えましょう。（8点×3）

▶ステージ **16** **17**

〔実験〕 右の図のように，試験管A，Bには同じ大きさのタンポポの葉を入れ，試験管Cには何も入れずに，それぞれ息をふきこんでゴム栓をした。試験管Bをアルミニウムはくでおおい，試験管A～Cを日光の当たる場所に数時間置いたあと，それぞれの試験管に石灰水を入れてよく振り，変化のようすを調べた。

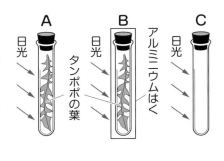

(1) 光合成は，植物の細胞の何という部分で行われますか。

[　　　]

(2) 実験で，1本の試験管の石灰水だけ，変化しませんでした。変化しなかった試験管は，A～Cのどれですか。

[　　　]

(3) (2)から，光合成で使われる気体は何であることがわかりますか。

[　　　]

3 右の図は，ヒトの消化にかかわる器官を表した
ものです。次の問いに答えましょう。（8点×3）

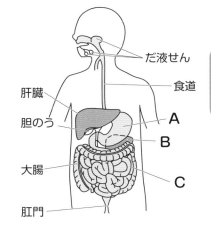

ステージ 20 21

(1) デンプンは，消化酵素のはたらきによって，最
終的に何という物質に分解されますか。

(2) (1)の物質は，柔毛で吸収されます。

① 柔毛がある器官は，図の**A**〜**C**のどれですか。

② (1)の物質は，柔毛で吸収されたあと，何という管に入りますか。

4 右の図は，ヒトの血液循環のようすを表したもので
す。次の問いに答えましょう。（7点×2） ステージ 24 25

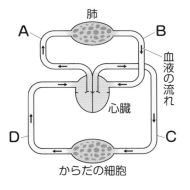

(1) **A**〜**D**のうち，酸素をもっとも多くふくむ血液が流
れている血管はどれですか。

(2) 血液成分のうち，酸素を運ぶはたらきをもつ固形の
成分を何といいますか。

5 次の**A**，**B**の反応について，あとの問いに答えましょう。（7点×2） ステージ 28

> **A** 先生に名前を呼ばれたので返事をした。
> **B** 熱いなべにさわってしまい，思わず手をひっこめた。

(1) **A**，**B**のうち，無意識に起こる反応はどちらですか。

(2) **B**の反応が伝わる経路として正しいのは，次の**ア**，**イ**のどちらですか。

ア 皮ふ→感覚神経→せきずい→運動神経→筋肉

イ 皮ふ→感覚神経→せきずい→脳→せきずい→運動神経→筋肉

プレパラートのつくりかた

　植物や動物の細胞のようすなど，小さなものを顕微鏡で観察するときには，**プレパラート**をつくって観察する。

① 　スライドガラスの上に観察するものを置き，スポイトで水，または，染色液を1滴落とす。

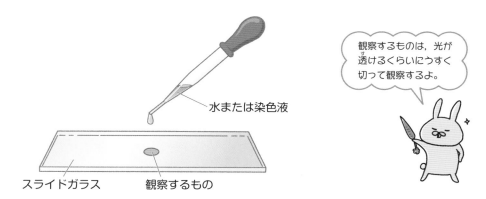

水または染色液

スライドガラス　　　観察するもの

観察するものは，光が透けるくらいにうすく切って観察するよ。

② 　えつき針とピンセットを用いて，**カバーガラス**を静かにかぶせる。

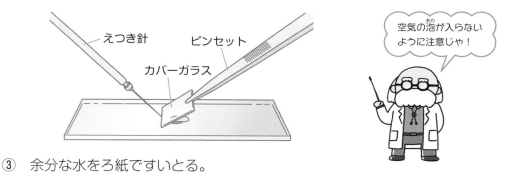

えつき針　　　ピンセット

カバーガラス

空気の泡が入らないように注意じゃ！

③ 　余分な水をろ紙ですいとる。

慎重な作業ならぼくに向いてるかも！

心配だなあ～。

次は
レインボー
研究所へ
行こう！

3章 天気の変化

明日の天気は晴れ？雨？暑い？寒い？

天気予報のチェックは欠かせない。

これらの現象は，どのようなしくみで起こるのだろう？

天気の変化や雲ができるしくみなどについて

レインボー研究所で調べるのじゃ！

気象観測をしよう!

天気予報では，晴れかくもりかどうやって決めているんじゃろうか？
調べてみよう。

❶ 気象

大気の状態や大気中で起こるさまざまな現象を**気象**といいます。

❷ 天気図の記号

雨や雪が降っていないとき，天気は**雲量**
で判断します。

雲量は，空全体を10としたときの雲が
しめる割合で表します。

風向はどの方向から風がふいているかを
示したもので，16方位で表します。

風力は風の強さのことで，風力階級表を
用いて13段階で表します。

天気・風向・風力は，**天気図の記号**を用
いて表すことができます。

			天気	天気記号
雨や雪が降っていない	雲量 0〜1		快晴	○
	雲量 2〜8		晴れ	◑
	雲量 9〜10		くもり	◎
雨が降っている			雨	●
雪が降っている			雪	⊗

16方位

北北西　北　北北東
北西　　　　　北東
西北西　　　　東北東
西　　　　　　東
西南西　　　　東南東
南西　　　　　南東
南南西　南　南南東

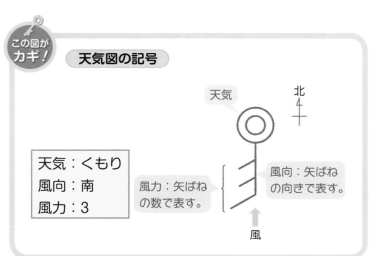

この図が
カギ!

天気図の記号

天気

北

天気：くもり
風向：南
風力：3

風力：矢ばね
の数で表す。

風向：矢ばね
の向きで表す。

風

「風向 南」は南か
ら風がふいてくる
という意味だよ！

はねのある方向が
風向なんだね。

解答 p.10

1 次の図の①，②にあてはまる語句を入れましょう。

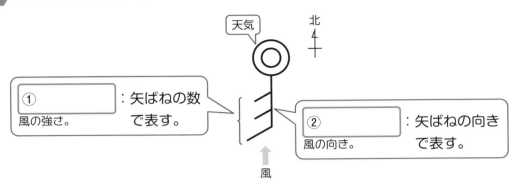

2 次の天気記号で表される天気を答えましょう。

(1)

(2)

(3)

3 次の天気図の記号で表される風向と風力を答えましょう。

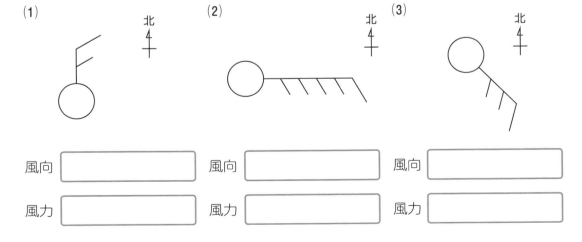

(1)　風向 [　　　　　]　風力 [　　　　　]

(2)　風向 [　　　　　]　風力 [　　　　　]

(3)　風向 [　　　　　]　風力 [　　　　　]

コレだけ!

□ 雨や雪が降っていないとき，天気は雲量で判断する。

　　雲量０～１：快晴　　雲量２～８：晴れ　　雲量９～10：くもり

気温と湿度の変化を調べよう！

晴れた日の昼間は，朝よりも気温が高くなっているんじゃ。気温と湿度の変化には何か関係あるんじゃろうか？

❶ 気温と湿度

気温は，地上から約1.5mのところで，風通しがよく，直射日光が当たらないようにしてはかります。

湿度は，乾湿計の乾球と湿球の示度の差から湿度表の値を読みとります。

単位には%を用います。

この図がカギ！

乾湿計と湿度表の読み方

湿度表

交わったところを読むんじゃよ！

乾湿計

16℃　12℃

乾球　　湿球

乾球〔℃〕	乾球と湿球の示度の差〔℃〕 ②				
	0	1	2	3	4
17	100	90	80	70	61
① 16	100	89	79	69	59
15	100	89	78	68	58
14	100	89	78	67	56
13	100	88	77	66	55
12	100	88	76	64	53

①乾球の示度→16℃

②乾球と湿球の示度の差→16－12＝4℃

③①と②が交わったところが湿度→59%

❷ 晴れの日とくもりの日の気温と湿度の変化

晴れの日

気温が上がると湿度は下がっている。

晴れの日の気温と湿度は逆の変化をしているね！

くもりの日

気温も湿度もあまり変化しない。

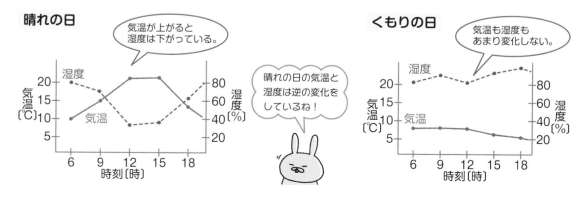

解いてみよう！

解答 p.10

1 次の図の①〜③にあてはまる語句や数を入れましょう。

●乾湿計

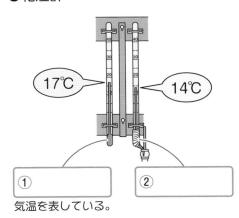

17℃　14℃

① 〔　　　　　　〕
気温を表している。

② 〔　　　　　　〕

●湿度表

乾球 〔℃〕	乾球と湿球の示度の差〔℃〕				
	0	1	2	3	4
17	100	90	80	70	61
16	100	89	79	69	59
15	100	89	78	68	58
14	100	89	78	67	56
13	100	88	77	66	55
12	100	88	76	64	53

湿度は ③ 〔　　　　　　〕 ％

乾球の示度と乾球と湿球の示度の差が
交わったところ。

2 気温はどのような場所ではかりますか。正しいものを，次のア〜ウから選びましょう。

〔　　　　　　〕

ア　直射日光が当たるところ　　イ　風通しのよいところ
ウ　地上から約3.0mのところ

3 ある日の気温と湿度を表す
右のグラフについて，次の問
いに答えましょう。

(1) 気温の変化を表しているグ
ラフはA，Bのどちらですか。

〔　　　　　　〕

(2) この日の天気は晴れです
か，雨ですか。

〔　　　　　　〕

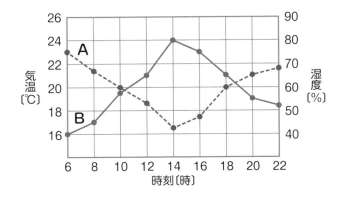

●コレだけ！

□ **晴れの日は，気温が上がると湿度は下がる。**

□ **くもりの日は，気温も湿度もあまり変化しない。**

32 空気による圧力をおさえよう!

 中身がからのペットボトルにふたをして高い山の山頂からふもとに持って下りると, ペットボトルがつぶれるんじゃ。どうしてかな?

1 圧力

　面を垂直におす力の単位面積あたりの大きさを圧力といいます。

　単位にはパスカル (Pa) を用います。

接する面積が小さいほど圧力が大きくなる。
痛!!

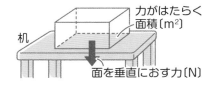
机
力がはたらく面積〔m²〕
面を垂直におす力〔N〕

この式がカギ!

$$圧力〔Pa〕= \frac{面を垂直におす力〔N〕}{力がはたらく面積〔m^2〕}$$

（ $1 Pa = 1 N/m^2$ ）

例題

質量500gの本を, 250cm²の面を下にして机の上に置きました。
この本を机の上に置いたときの, 机の面が受ける圧力の大きさは何Paか, 求めましょう。ただし, 100gの物体にはたらく重力の大きさを1Nとします。

[解き方]

500gの本が面を垂直におす力の大きさは, 5N。

力がはたらく面積は, 本が机と接する面積なので, 250cm²。

250cm²をm²で表すと, $\frac{250}{10000} = 0.025m^2$

ここにも注目
$1 m^2$
$= 100cm × 100cm$
$= 10000cm^2$

$$圧力〔Pa〕= \frac{面を垂直におす力〔N〕}{力がはたらく面積〔m^2〕} より, \frac{5N}{0.025m^2} = 200Pa \cdots 答$$

2 大気圧

　山頂からふもとに持って下りたペットボトルがつぶれるのは, 空気の重さによる圧力がはたらいているからです。

　空気の重さによる圧力を大気圧 (気圧) といいます。

　大気圧は, 空気中にある物体にあらゆる向きからはたらきます。

大気圧
小
標高
高
山頂

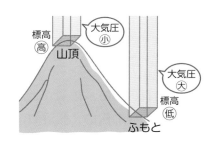
大気圧
大
標高
低
ふもと

解いてみよう！　解答 p.10

1 次の式の①，②にあてはまる語句を入れましょう。

●圧力〔Pa〕= $\dfrac{①\qquad\qquad\qquad\qquad〔N〕}{②\qquad\qquad\qquad\qquad〔m^2〕}$　　　（1 Pa = 1 N/m²）

2 次の問いに答えましょう。ただし，100gの物体にはたらく重力の大きさを1N とします。

(1) 右の図のような，底面積が0.3m²で，600Nの重さの円柱を，底面を下 にして床に置きました。このとき，床が円柱から受ける圧力の大きさは 何Paですか。

0.3m²

(2) 右の図のような，質量が1800gの直方体があります。この 直方体を，面積が0.2m²の**A**面を下にして床に置いたとき， 床が直方体から受ける圧力の大きさは何Paですか。

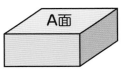
A面

3 次の問いに答えましょう。

(1) 空気の重さによる圧力を何といいますか。

(2) (1)が大きいのは，標高の高いところ，低いところのどちらですか。

コレだけ！

□ **面を垂直におす力の単位面積あたりの大きさを圧力という。**

　圧力〔Pa〕= $\dfrac{面を垂直におす力〔N〕}{力がはたらく面積〔m^2〕}$

□ **空気の重さによる圧力を大気圧（気圧）という。**

空気中の水蒸気の量を調べよう！

寒い冬の朝，窓ガラスに水滴がついてくもっているのを見たことはあるかな？水滴はどこからくるのか見てみよう！

❶ 露点と飽和水蒸気量

空気を冷やしていったときに，空気中にふくまれる水蒸気が水滴に変化し始める温度を露点といいます。

また，空気1m³中にふくむことができる水蒸気の最大量を飽和水蒸気量といいます。

飽和水蒸気量は，気温によって決まっています。

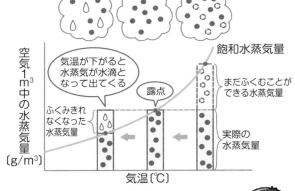

窓ガラスに水滴がつくのは，窓ガラス付近の水蒸気が冷やされて，水滴に変わったからだよ！

気温が低くなると飽和水蒸気量は小さくなるよ！

❷ 湿度

湿度は，次のようにして求めることができます。

この式がカギ！

$$湿度 〔\%〕 = \frac{空気1m^3 中にふくまれている水蒸気量〔g/m^3〕}{その気温での飽和水蒸気量〔g/m^3〕} \times 100$$

例題

気温24℃における飽和水蒸気量は22g/m³です。24℃の空気1m³中にふくまれている水蒸気量が11gのときの湿度を求めましょう。

[解き方]

空気1m³中にふくまれている水蒸気量は11g，24℃での飽和水蒸気量は22g/m³

なので，$湿度 〔\%〕 = \dfrac{空気1m^3 中にふくまれている水蒸気量〔g/m^3〕}{その気温での飽和水蒸気量〔g/m^3〕} \times 100$　より，

$\dfrac{11g/m^3}{22g/m^3} \times 100 = 50$　よって，湿度は**50%**…答

解いてみよう！　　解答 p.10

解答 p.10

1 次の式の①，②にあてはまる語句を入れましょう。

●湿度〔%〕＝ $\dfrac{\text{空気 1 m}^3\text{中にふくまれている　①　　　　　　〔g/m}^3\text{〕}}{\text{その気温での　②　　　　　　　〔g/m}^3\text{〕}}$ × 100

2 右の図は，気温と飽和水蒸気量の関係をグラフに表したものです。次の問いに答えましょう。

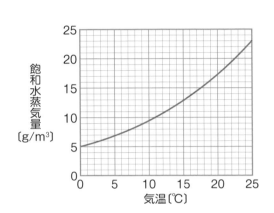

縦軸：飽和水蒸気量〔g/m³〕　横軸：気温〔℃〕

(1) 気温が25℃のときの飽和水蒸気量は，何g/m³ですか。

(2) 空気 1 m³中に 10 g の水蒸気がふくまれているとき，冷やされて水滴に変化し始めるときの温度は何℃ですか。

(3) 空気中にふくまれる水蒸気が冷やされて水滴に変化し始めるときの温度を何といいますか。

3 気温17.5℃における飽和水蒸気量は15g/m³です。17.5℃の空気 1 m³中にふくまれている水蒸気量が 9 g のときの湿度を求めましょう。

コレだけ！

□ 空気中にふくまれる水蒸気が水滴に変化し始めるときの温度を露点という。

□ 湿度〔%〕＝ $\dfrac{\text{空気 1 m}^3\text{中にふくまれている水蒸気量〔g/m}^3\text{〕}}{\text{その気温での飽和水蒸気量〔g/m}^3\text{〕}}$ × 100

雲のでき方を調べよう！

空にうかぶ雲。ふんわりして見えるけど，実は水滴や氷の集まりって知ってたかな？雲のでき方を見てみよう！

◆ 雲のでき方を調べる実験 ◆

実験方法

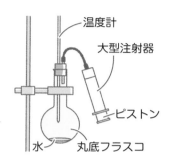

①丸底フラスコに少量の水と線香のけむりを入れて，大型注射器をとりつける。

②ピストンを強く引いてフラスコの中の気圧を下げ，フラスコの中のようすや温度変化を調べる。

実験結果

温度が下がって，フラスコの中が白くくもった。

フラスコの中に少量の水と線香のけむりを入れたのは，くもりができやすくするためだよ。

ここが
カギ！

実験では

❶ピストンを引くと，フラスコの中の空気が膨張する。
❷フラスコの中の空気の温度が下がる。
❸露点に達すると水滴ができて白くくもる。

水滴が集まったものが雲じゃよ。

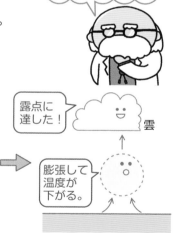

雲ができるとき

空気があたためられる。
❶空気が上昇して気圧が下がり，空気が膨張する。
❷空気の温度が下がる。
❸露点に達すると雲ができる。

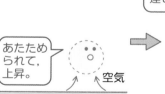

あたためられて，上昇。 空気

膨張して温度が下がる。

露点に達した！ 雲

まとめ

気圧が下がると，空気が膨張して温度が下がり，露点に達すると水蒸気が水滴に変化する。
➡**雲が発生する。**

解いて みよう！

❶　次の①〜③にあてはまる語句を入れましょう。

●雲ができるとき

　空気があたためられる。

→空気が上昇して気圧が下がり，

　空気が ① ［　　　　　　　　］。

→空気の温度が ② ［　　　　　］。

→ ③ ［　　　　　　　］ に達すると雲ができる。

　水蒸気が水滴に変化し始める温度。

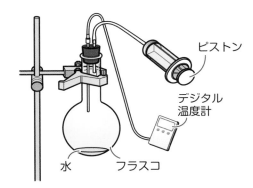

空気

雲

❷　右の図の装置で，丸底フラスコに少量の水と線香のけむりを入れてピストンを引くと，フラスコの中が白くくもりました。次の問いに答えましょう。

(1)　ピストンを引くと，フラスコの中の気圧は上がりますか，下がりますか。

［　　　　　　　　　　　　　　　　］

ピストン

デジタル
温度計

水　　フラスコ

(2)　ピストンを引くと，フラスコの中の空気は膨張しますか，収縮（しゅうしゅく）しますか。

［　　　　　　　　　　　　　　　　　　　　］

(3)　ピストンを引くと，フラスコの中の空気の温度は上がりますか，下がりますか。

［　　　　　　　　　　　　　　　　　　　　］

コレだけ！

□ 気圧が下がると，空気が膨張して温度が下がり，**露点に達すると水蒸気が水滴に変化して，雲ができる。**

3章

天気の変化

35 気圧と風のふき方をおさえよう!

気圧は，天気や雲の発生，風の向きや強さと深く関わっておるんじゃ。ここでは気圧と風のふき方について見てみよう!

❶ 気圧と風

天気図上で気圧が等しい地点を結んだ曲線を等圧線（とうあつせん）といいます。

等圧線が閉じていて，まわりより気圧の高いところを高気圧（こうきあつ），まわりより気圧の低いところを低気圧（ていきあつ）といいます。

風は，気圧の高いところから低いところに向かってふきます。

高気圧付近と低気圧付近での風のふき方を見てみましょう。

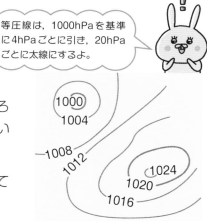
等圧線は，1000hPaを基準に4hPaごとに引き，20hPaごとに太線にするよ。

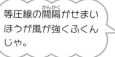

等圧線の間隔（かんかく）がせまいほうが風が強くふくんじゃ。

この図がカギ!

高気圧・低気圧と風のふき方

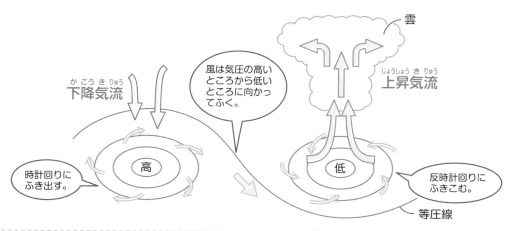

高気圧	低気圧
下降気流ができて，雲ができにくい。北半球の地表付近では，時計回りに風がふき出す。	上昇気流ができて，雲ができやすい。北半球の地表付近では，反時計回りに風がふきこむ。

解いて みよう！

月　日

1 次の図の①〜④にあてはまる語句を入れましょう。

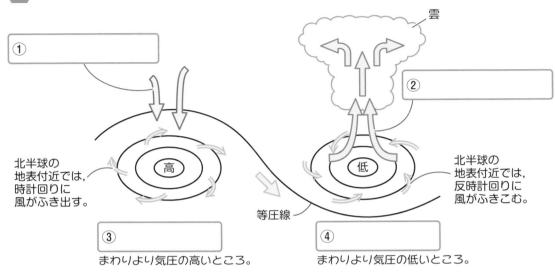

雲

①

②

北半球の
地表付近では，
時計回りに
風がふき出す。

高

等圧線

低

北半球の
地表付近では，
反時計回りに
風がふきこむ。

③

まわりより気圧の高いところ。

④

まわりより気圧の低いところ。

2 右の天気図について，次の問いに答えましょう。

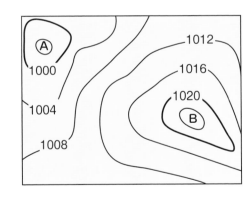

1012
1016
1020
B
1000
1004
1008
A

(1) 図の気圧が等しい地点を結んだ曲線を何といいますか。

(2) 図の**A**は，高気圧ですか，低気圧ですか。

(3) 中心部で雲ができやすいのは，**A**，**B**のどちらですか。

コレだけ！

□ **風は，**気圧の高いところから低いところ**に向かってふく。**

□ **等圧線が閉じていて，まわりより気圧の高いところを**高気圧**，まわりより気圧の低いところを**低気圧**という。**

3章

天気の変化

前線の種類と特徴をおさえよう！

冷たい空気とあたたかい空気が接すると２つの空気は混じりあうんじゃろうか？２つの空気が接するところのようすを調べよう！

① 気圧と前線

気温や湿度がほぼ一様な空気のかたまりを気団といいます。

性質の異なる気団が接すると，境界面ができます。これを前線面といいます。

また，前線面が地表と接するところを前線といいます。

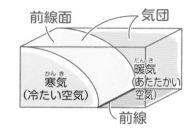

前線上では低気圧が発生しやすく，日本付近では低気圧の南東側に温暖前線，南西側に寒冷前線ができます。

このような前線をともなう低気圧を温帯低気圧といいます。

この図がカギ！

温暖前線と寒冷前線

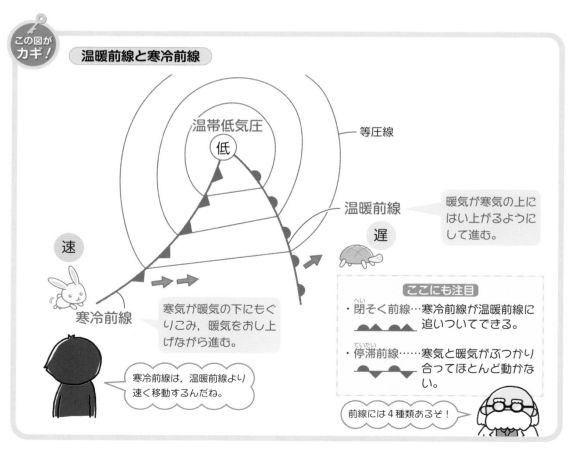

温帯低気圧
低

等圧線

温暖前線

暖気が寒気の上にはい上がるようにして進む。

速

遅

寒気が暖気の下にもぐりこみ，暖気をおし上げながら進む。

寒冷前線

ここにも注目

・閉そく前線…寒冷前線が温暖前線に追いついてできる。

・停滞前線……寒気と暖気がぶつかり合ってほとんど動かない。

寒冷前線は，温暖前線より速く移動するんだね。

前線には４種類あるぞ！

解いてみよう！

解答 p.11

1 次の図の①，②にあてはまる語句を入れましょう。

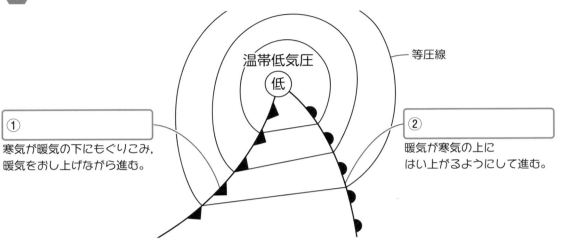

温帯低気圧

低

等圧線

① _____
寒気が暖気の下にもぐりこみ，
暖気をおし上げながら進む。

② _____
暖気が寒気の上に
はい上がるようにして進む。

2　右の図は，寒気と暖気がぶつかり合うようすを表したものです。次の問いに答えましょう。

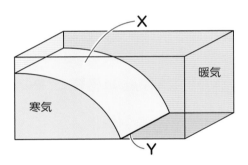

X

暖気

寒気

Y

(1)　寒気や暖気のように，気温や湿度がほぼ一様な空気のかたまりを何といいますか。

_____

(2)　性質の異なる(1)が接するとできる境界面Xを何といいますか。

_____

(3)　(2)が地表と接するYを何といいますか。

_____

コレだけ！

□ 気温や湿度がほぼ一様な空気のかたまりを気団という。

□ 性質の異なる気団の境界面を前線面といい，前線面が地表と接するところを前線という。

寒冷前線と天気の変化をおさえよう！

 天気は，前線が通過するときに変化するんじゃ。寒冷前線が通過するときの天気の変化を見てみよう！

❶ 寒冷前線と天気の変化

寒冷前線付近では，寒気が暖気の下にもぐりこんで暖気をおし上げながら進むため，上昇気流が発生し，積乱雲が発達します。

そのため，寒冷前線が通過した直後には，せまい範囲に，強い雨が短時間降ります。

また，寒冷前線の通過後は，風向が北寄りに変わり，気温が急に下がります。

寒冷前線

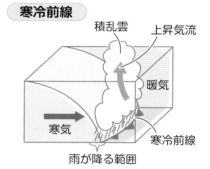

 寒冷前線が通過したあとは，寒気に入るんだね。

この図がカギ！

寒冷前線の通過と気象の変化

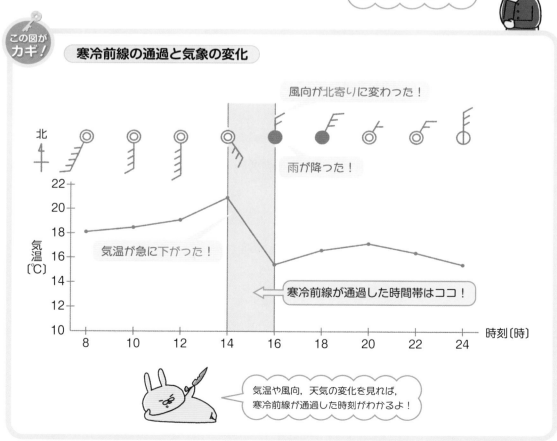

風向が北寄りに変わった！

雨が降った！

気温が急に下がった！

寒冷前線が通過した時間帯はココ！

気温や風向，天気の変化を見れば，寒冷前線が通過した時刻がわかるよ！

解いてみよう！　　解答 p.11

1 次の図の①〜③にあてはまる語句を入れましょう。

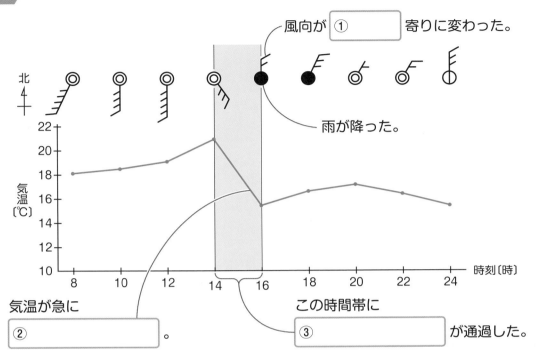

風向が ① ▢ 寄りに変わった。

雨が降った。

気温が急に

② ▢ 。

この時間帯に

③ ▢ が通過した。

2 次の問いに答えましょう。

(1) 寒冷前線付近で発達する雲は何ですか。

▢

(2) 寒冷前線が通過した直後に降る雨のようすとして正しいのはア，イのどちらですか。

▢

ア　広い範囲に，弱い雨が長時間降る。

イ　せまい範囲に，強い雨が短時間降る。

(3) 寒冷前線が通過すると，気温は上がりますか，下がりますか。

▢

コレだけ！

□ 寒冷前線が通過した直後には，せまい範囲に，強い雨が短時間降る。

□ 寒冷前線の通過後は，風向が北寄りに変わり，気温が急に下がる。

温暖前線と天気の変化をおさえよう!

温暖前線が通過するときの天気の変化は, 寒冷前線のときとはちがうんじゃ。どこがちがうか見てみよう!

1 温暖前線と天気の変化

温暖前線付近では, 寒気の上にはい上がった暖気によって, 乱層雲などの雲ができます。

そのため, 温暖前線の通過前には, **広い範囲に弱い雨が長時間**降り続きます。

また, 温暖前線の通過後は, 風向が**南寄り**に変わり, 気温が上がります。

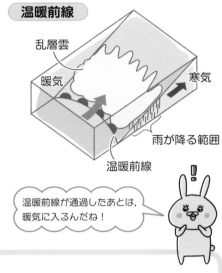

温暖前線

乱層雲
暖気
寒気
雨が降る範囲
温暖前線

温暖前線が通過したあとは, 暖気に入るんだね!

この図が
カギ!

前線と雨の範囲

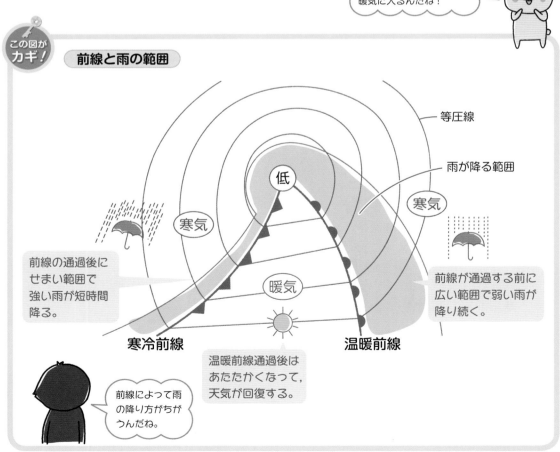

等圧線

雨が降る範囲

寒気

低

寒気

暖気

前線の通過後にせまい範囲で強い雨が短時間降る。

寒冷前線

温暖前線

前線が通過する前に広い範囲で弱い雨が降り続く。

温暖前線通過後はあたたかくなって, 天気が回復する。

前線によって雨の降り方がちがうんだね。

1 次の図の①，②にあてはまる語句を入れましょう。

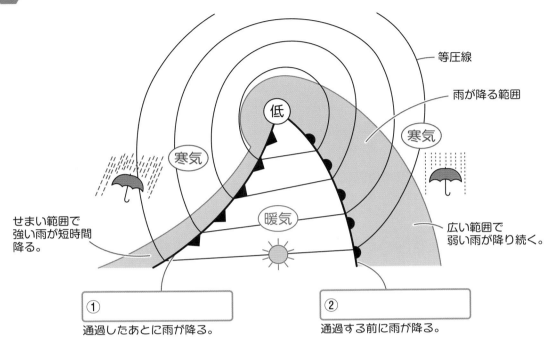

等圧線

雨が降る範囲

寒気

寒気

暖気

せまい範囲で
強い雨が短時間
降る。

広い範囲で
弱い雨が降り続く。

① _____
通過したあとに雨が降る。

② _____
通過する前に雨が降る。

2 次の問いに答えましょう。

(1) 温暖前線付近で発達する雲は何ですか。

_____

(2) 温暖前線が通過する前に降る雨のようすとして正しいのは**ア**，**イ**のどちらですか。

_____

　　ア　広い範囲に，弱い雨が長時間降る。
　　イ　せまい範囲に，強い雨が短時間降る。

(3) 温暖前線が通過すると，気温は上がりますか，下がりますか。

_____

コレだけ！

□ **温暖前線の通過前には，広い範囲に弱い雨が長時間降り続く。**

□ **温暖前線の通過後は，風向が南寄りに変わり，気温が上がる。**

天気を予想してみよう！

天気予報の天気は何をもとに決められているんじゃろう？そのしくみを見てみよう！

1 天気の変化

日本付近の上空では，偏西風という西風がふいています。

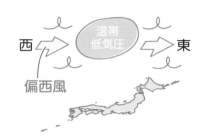

この風に流されて，日本付近にできる温帯低気圧は，ふつう，西から東へ移動します。

このため，日本付近の天気は，西から東へ移り変わっていきます。

天気の変化のようすを，天気図で見てみましょう。

この図が
カギ！

低気圧の動きと天気の変化

3月20日

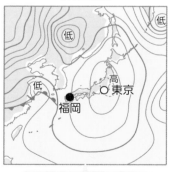

福岡：雨，東京：快晴

3月21日

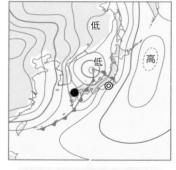

福岡：雨，東京：くもり

3月22日

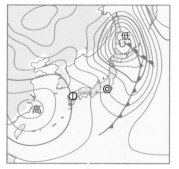

福岡：晴れ，東京：くもり

低気圧の動きに
注目しよう！

天気も西から東へ
移り変わるよ！

低気圧は，偏西風の影響で西から東へ移動している。

...

解いて みよう！　　　　解答 p.12

1 次の①〜③にあてはまる語句を入れましょう。

3月20日　　　　　　　　3月21日　　　　　　　　3月22日

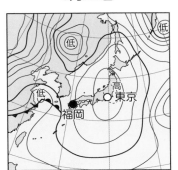　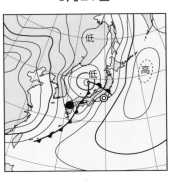　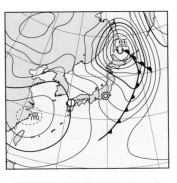

福岡：雨，東京：快晴　　福岡：雨，東京：くもり　　福岡：晴れ，東京：くもり

低気圧は ① ［　　　　　　］ の影響で，② ［　　　　］ から ③ ［　　　　］ へ移動している。

2　図のA，Bは，ある年
の4月12日と4月13日
の天気図です。次の問い
に答えましょう。

A　　　B　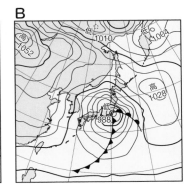

(1)　4月12日の天気図は，
　　A，Bのどちらですか。

　　［　　　　　　］

(2)　低気圧は，東・西・南・北のどの方向に進んでいますか。

　　　　　　　　　　　　　　　　　　　　　　　　［　　　　　　　　　］

(3)　低気圧が(2)の方向に動くのは，何という風が影響していますか。

　　　　　　　　　　　　　　　　　　　　　　　　［　　　　　　　　　］

コレだけ！

□ 日本付近の上空では，**偏西風**という西風がふいている。

□ 日本付近の天気は，偏西風の影響で，**西から東へ**移り変わることが多い。

3章 天気の変化

日本のまわりの気団をおさえよう！

日本に四季の変化が見られるのは，日本のまわりにできる気団のせいなんじゃ。その気団についてくわしく見てみよう！

❶ 日本のまわりの気団

日本のまわりには，シベリア気団，オホーツク海気団，小笠原気団ができます。

日本の四季の天気は，この気団の勢力が強くなったり，弱くなったりすることによって生じます。

それぞれの気団には特徴があるんじゃ。しっかり覚えておこう！

この図が
カギ！

日本のまわりの気団

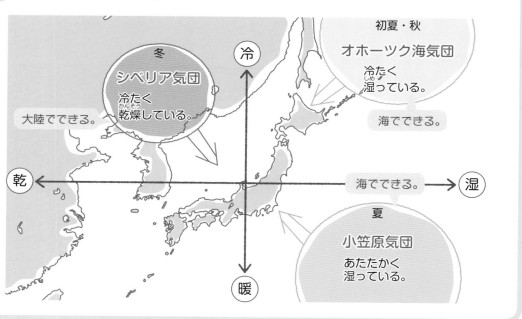

冬
シベリア気団
冷たく
乾燥している。

大陸でできる。

冷

初夏・秋
オホーツク海気団
冷たく
湿っている。

海でできる。

乾

海でできる。

湿

暖

夏
小笠原気団
あたたかく
湿っている。

大陸でできる気団は乾燥していて，海でできる気団は湿っているんだね。

北でできる気団は冷たくて，南でできる気団はあたたかいんだね！

ここにも注目

これらの気団は高気圧が発達してできている。

風は気圧の高いところから低いところに向かってふくので，高気圧からふき出した風が日本にやってくる。気団の勢力が変わることで，季節ごとに気象が変化する。

解いて みよう！　　解答 p.12

1 次の図の①〜③にあてはまる語句を入れましょう。

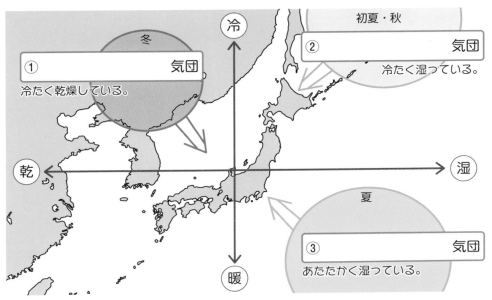

初夏・秋

② ［　　　　］気団
冷たく湿っている。

冷

冬

① ［　　　　］気団
冷たく乾燥している。

乾　　　　　　　　湿

夏

③ ［　　　　］気団
あたたかく湿っている。

暖

2 右の図は，日本のまわりにできる３つの気団を表したものです。次の問いに答えましょう。

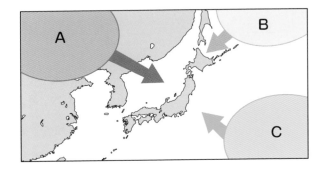

(1) Aの気団を何といいますか。

［　　　　　　　　］

(2) A〜Cのうち，湿っている気団はどれですか。すべて選びましょう。

［　　　　　　　　　　　　　］

(3) A〜Cのうち，冬に勢力が強くなる気団はどれですか。

［　　　　］

コレだけ！

□ 日本のまわりにできる気団

シベリア気団…大陸にできる冷たく乾燥した気団。

オホーツク海気団…海上にできる冷たく湿った気団。

小笠原気団…海上にできるあたたかく湿った気団。

日本の天気の特徴をおさえよう！

 春・夏・秋・冬，どの季節が好きかな？わしは暑い時期に海での んびりしたいから，夏がいいのぅ。四季の天気の特徴を見ていこう！

❶ 冬の天気

冬は，シベリア気団から**北西の季節風**（→ステージ43）がふき，日本の西側に高気圧，東側に低気圧がある，**西高東低**の気圧配置になります。

日本海側で雪となり，太平洋側は乾燥した晴れの日が続くことが多くなります。

冬の季節風と天気図

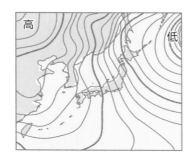

西に高気圧，東に低気圧があるね。等圧線は縦の線が並んでいるよ。

❷ 夏の天気

夏は，小笠原気団から南東の季節風がふき，蒸し暑くなります。

積乱雲が発生しやすく，夕立や雷雨が起こりやすくなります。

夏の季節風と天気図

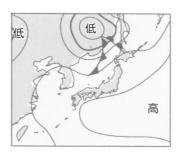

日本付近は，広く高気圧におおわれているね。

❸ 春・秋の天気

春と秋は，偏西風の影響で，低気圧と移動性高気圧が次々と日本付近を通り過ぎるので，天気が周期的に変化することが多いです。

1　次のA，Bの図は，日本の夏と冬の気圧配置を表した図です。あとの問いに答えましょう。

A
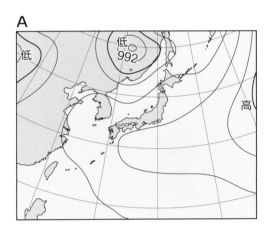

B
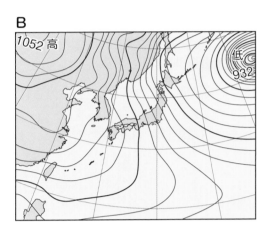

(1)　Aの天気図は夏と冬のどちらの天気図ですか。

(2)　Aの季節にふく季節風は，北西の風と南東の風のどちらですか。

(3)　Bの天気図は夏と冬のどちらの天気図ですか。

(4)　Bの天気図で表される気圧配置を何といいますか。漢字4字で答えましょう。

コレだけ！
□　冬は，西高東低の気圧配置になり，シベリア気団からは北西の季節風がふく。
□　夏は，小笠原気団から南東の季節風がふく。

3章 天気の変化

ステージ 42 つゆと台風

つゆと台風についておさえよう！

日本には，春夏秋冬の四季以外にも，つゆや台風といった特徴的な天気があるじゃろ？つゆや台風のしくみを見ていこう！

❶ つゆ

初夏や夏の終わり頃には，日本付近には**停滞前線**ができ，くもりや雨の日が多くなります。

特に，初夏に見られるこのような時期を**つゆ（梅雨）**といいます。

停滞前線

オホーツク海気団

小笠原気団

2つの気団が同じくらいの勢力だから，前線はあまり動かないよ！

この図が**カギ！**

つゆの天気図

小笠原気団の勢力が強くなると，つゆが明けて夏になるんじゃ！

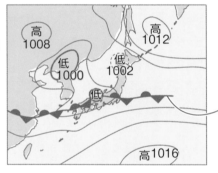

高 1008　高 1012

低 1000　低 1002

低

梅雨前線

高1016

この時期の停滞前線を梅雨前線というよ！

❷ 台風

夏から秋にかけて，日本の南の海上で発生した**熱帯低気圧**が発達し，**台風**になって日本に近づきます。

台風は，中心付近の最大風速が約17m/s以上で，前線をともないません。

台風が近づくと，強風による災害だけでなく，大雨による洪水や土砂くずれ，高潮など，さまざまな災害をもたらします。

ここにも注目

台風の進路は季節によってちがう。

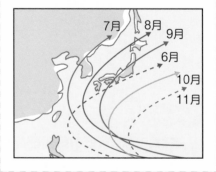

7月　8月　9月　6月　10月　11月

解いて みよう！　　　　解答 p.13

解答 p.13

1 次の①，②にあてはまる語句を入れましょう。

●つゆの天気図

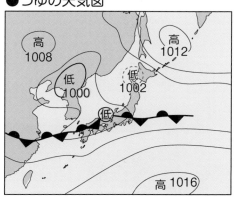

①　　　　　　　　　　　　気団
と小笠原気団の勢力が同じくらいになる。

↓

②　　　　　　　　　　　ができる。
つゆの時期にできる停滞前線。

↓

小笠原気団の勢力が強くなると，
つゆが明けて夏になる。

2 次の問いに答えましょう。

(1) 冷たい気団とあたたかい気団の勢力が同じくらいになったときにできる，あまり
動かない前線を何前線といいますか。

(2) (1)のうち，初夏のころにできる前線を何前線といいますか。

(3) (1)の前線付近では，どのような天気になることが多いですか。**ア**，**イ**から選びま
しょう。

　ア 乾燥した晴れの日が多くなる。　　　**イ** くもりや雨の日が多くなる。

(4) 熱帯低気圧が発達して，中心付近の最大風速が約17 m／s以上になったものを何
といいますか。

コレだけ！

□ **日本付近にできる**停滞前線**のうち，初夏にできる停滞前線を**梅雨前線**という。**

□ **熱帯低気圧が発達し，中心付近の最大風速が約17 m／s以上のものを**台風**という。**

3章 天気の変化

大気の動きについておさえよう!

風は大気が動くことによって生じているんじゃよ。風のふくしくみを調べてみよう!

❶ 海陸風（かいりくふう）

陸は海よりもあたたまりやすく冷めやすい性質があります。

海に面したところでは，海と陸の温度の差によって気圧に差ができて風がふきます。

海岸に近い地域で，晴れた日の昼に，海から陸に向かってふく風を**海風**（うみかぜ）といいます。

海岸に近い地域で，晴れた日の夜に，陸から海に向かってふく風を**陸風**（りくかぜ）といいます。

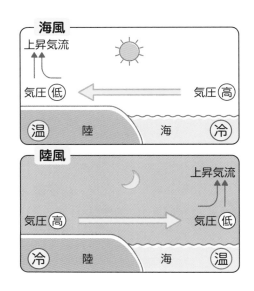

海風
上昇気流 / 気圧（低） ← 気圧（高）
温 陸 海 冷

陸風
気圧（高） → 上昇気流 / 気圧（低）
冷 陸 海 温

風は，気圧の高いところから低いところに向かってふくんだったね。

❷ 季節風（きせつふう）

大陸と海洋の温度差によってふく，季節に特有の風を**季節風**といいます。

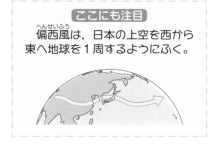
ここにも注目
偏西風（へんせいふう）は，日本の上空を西から東へ地球を１周するようにふく。

この図がカギ！

日本付近の季節風

冬の季節風

高気圧 / 北西の季節風 / 上昇気流 / 低気圧

夏の季節風

上昇気流 / 低気圧 / 南東の季節風 / 高気圧

解いてみよう！　解答 p.13

1 次の図の①，②にあてはまる風向を入れましょう。

●冬の季節風

①　　　　　　の季節風

●夏の季節風

②　　　　　　の季節風

2 右の図は，ある晴れた日の，海岸付近の夜間の陸と海のようすを表したものです。次の問いに答えましょう。

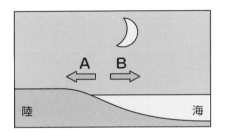

(1) 陸は海よりも冷めやすいですか，冷めにくいですか。

(2) 夜間，気圧が低くなるのは陸上と海上のどちらですか。

(3) 夜間，風はA，Bどちらの向きにふきますか。

(4) (3)のようにふく風を何といいますか。

コレだけ！

□ 海岸に近い地域で，晴れた日の昼に海から陸に向かってふく風を海風，夜に陸から海に向かってふく風を陸風という。

□ 大陸と海洋の温度差によってふく，季節に特有の風を季節風という。

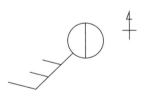

確認テスト

解答p.13　　　　　　　　　/100点

1 日本のある地点で気象観測(きしょうかんそく)を行いました。右の図は、そのときの天気のようすを天気図の記号で表したものです。次の問いに答えましょう。(7点×4) ＞ステージ 30 33

(1) 図のように表された天気図の記号の、天気、風向(ふうこう)、風力(ふうりょく)を答えましょう。

天気 ［　　　］　　　　風向 ［　　　］　　　　風力 ［　　　］

(2) 気象観測を行ったときの気温は19℃でした。空気1m³中にふくまれている水蒸(すいじょう)気量が8gのときの湿度(しつど)を求めましょう。ただし、19℃における飽和水蒸気量(ほうわすいじょうきりょう)を16g/m³とします。

［　　　］

2 右の図は、ある日の日本付近の天気図の一部です。次の問いに答えましょう。

(6点×5)　＞ステージ 35 36 37 38

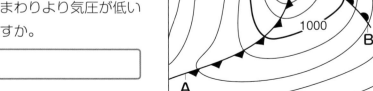

(1) 図の**X**のように、まわりより気圧が低いところを何といいますか。

［　　　］

(2) **A**，**B**の前線(ぜんせん)のうち、暖気(だんき)が寒気(かんき)の上にはい上がるようにして進むのはどちらですか。また、その前線を何といいますか。

記号 ［　　　］　　　　名称 ［　　　］

(3) **A**，**B**の前線のうち、広い範囲(はんい)に弱い雨を長時間降らせるのはどちらですか。

［　　　］

(4) **A**，**B**の前線のうち、通過後風向が北寄(よ)りに変わり、気温が下がるのはどちらですか。

［　　　］

3 次のA～Cは，ある年の3月の連続した3日間の天気図です。あとの問いに答えましょう。ただし，A～Cは日付の順に並んでいません。(6点×2)　▶ステージ **39**

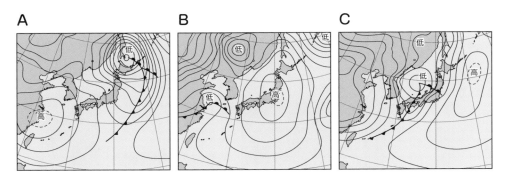

(1) A～Cを日付の早いほうから順に並べましょう。

　　→　　　　→

(2) (1)のように考えられるのは，日本付近の上空にふく何という風が影響しているからですか。

4 右のA，Bは，春，つゆ，夏，冬いずれかの特徴的な天気図です。次の問いに答えましょう。

(6点×5) ▶ステージ **40 41 42**

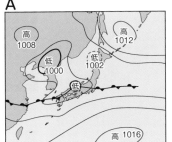

(1) A，Bはどの季節の天気図ですか。次のア～エからそれぞれ選びましょう。

　　A 　　　　　　　B

　ア 春　　イ つゆ　　ウ 夏　　エ 冬

(2) Aの天気図に見られる，この季節に特有の停滞前線をとくに何といいますか。

(3) Bのような気圧配置に影響をおよぼしている気団は何ですか。

(4) Bの季節にふく季節風の風向を答えましょう。

雲の種類と雲ができる高さ

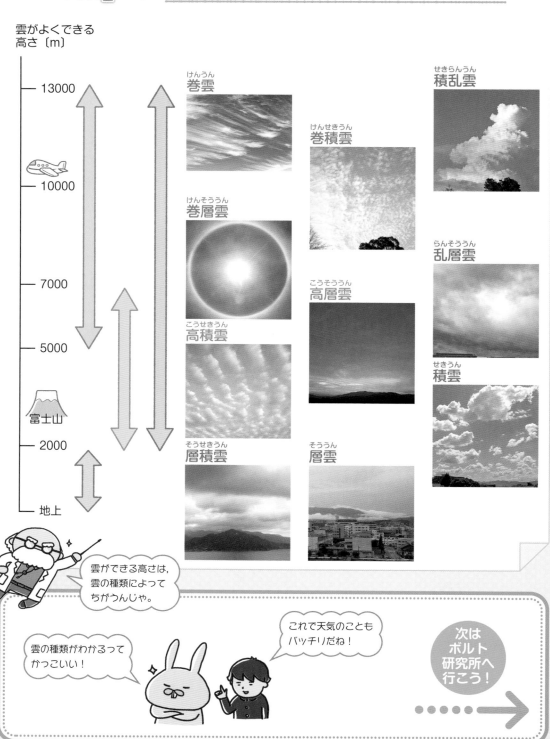

雲がよくできる
高さ〔m〕

- 13000
- 10000
- 7000
- 5000
- 富士山
- 2000
- 地上

けんうん
巻雲

けんせきうん
巻積雲

せきらんうん
積乱雲

けんそううん
巻層雲

らんそううん
乱層雲

こうそううん
高層雲

こうせきうん
高積雲

せきうん
積雲

そうせきうん
層積雲

そううん
層雲

雲ができる高さは,
雲の種類によって
ちがうんじゃ。

雲の種類がわかるって
かっこいい!

これで天気のことも
バッチリだね!

次は
ボルト
研究所へ
行こう!

4章 電流のはたらき

ふだんの生活で電気を使わない日はないくらい，今やわたしたちの生活に欠かせない電気。
電気にはどのような性質やはたらきがあるのか調べてみよう！
最後はボルト研究所じゃぞ。がんばるのじゃ！

静電気について調べよう！

下じきを頭にこすりつけて持ち上げると髪の毛がふわっと逆立った経験があるじゃろ？この現象のしくみを調べてみよう！

❶ 静電気

　２種類の物質をこすり合わせたときに生じる電気を静電気といいます。

　物質が電気を帯びることを帯電といいます。

　静電気には＋の電気と－の電気があり，同じ種類の電気はしりぞけ合い，異なる種類の電気は引き合います。

静電気の性質

しりぞけ合う

引き合う

下じきを頭にこすりつけると下じきに髪の毛が引きつけられるのは，静電気が生じるからだね！

この図が
カギ！

静電気が起こるしくみ

電気を帯びる前は＋と－がつり合っているね！

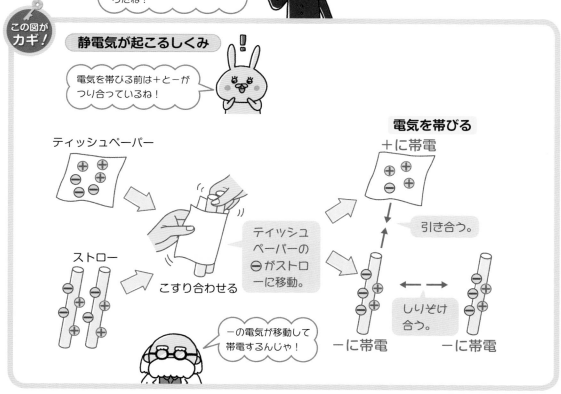

解いて みよう！

解答 p.14

1 次の図の①，②にあてはまる＋または－の記号を入れましょう。

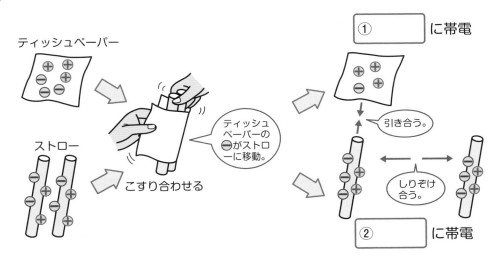

ティッシュペーパー

ストロー

こすり合わせる

ティッシュペーパーの⊖がストローに移動。

① □ に帯電

引き合う。

しりぞけ合う。

② □ に帯電

4章　電流のはたらき

2 次の問いに答えましょう。

(1) 2種類の物質をこすり合わせたときに生じる電気を何といいますか。

（　　　　　　　　　）

(2) 異なる種類の電気は，引き合いますか，しりぞけ合いますか。

（　　　　　　　　　）

(3) 同じ種類の電気は，引き合いますか，しりぞけ合いますか。

（　　　　　　　　　）

(4) 物質をこすり合わせて物質が電気を帯びるとき，物質の間を移動するのは，＋の電気ですか，－の電気ですか。

（　　　　　　　　　）

コレだけ！

□ 2種類の物質をこすり合わせたときに生じる電気を静電気という。

□ 同じ種類の電気はしりぞけ合い，異なる種類の電気は引き合う。

陰極線

電流の正体を調べよう!

雷がゴロゴロ鳴ってピカッと光るいなずまは, 静電気によるものなんじゃ!その正体は何だろう?

❶ 電子

雷のように, たまっていた静電気が一気に流れ出たり, 空間を電気が移動したりする現象を**放電**といいます。

雷は雲にたまった静電気が放電している。

真空放電管に電圧を加えたときに見られる, ーマイナス極から＋プラス極に向かう小さな粒子の流れを**陰極線 (電子線)** といいます。

この小さな粒子は**電子**といい, ーの電気をもっています。

この**電子の流れ**が電流の正体です。

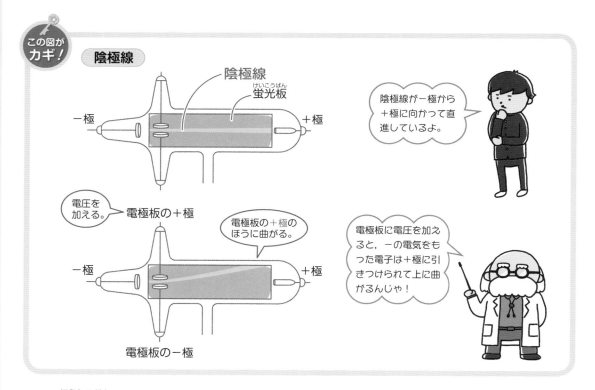

この図がカギ!

陰極線

陰極線
蛍光板
ー極　＋極

陰極線がー極から＋極に向かって直進しているよ。

電圧を加える。
電極板の＋極
電極板の＋極のほうに曲がる。
ー極　＋極
電極板のー極

電極板に電圧を加えると, ーの電気をもった電子は＋極に引きつけられて上に曲がるんじゃ!

❷ 放射線

真空放電の実験から見つかった X エックス線や, α アルファ線, β ベータ線, γ ガンマ線などを**放射線**といいます。

放射線には, 目に見えない, 物質を通りぬける, 物質の性質を変えるなどの性質があり, 医療や工業, 農業など, さまざまな産業で利用されています。

解いて みよう！

解答 p.14

1 次の図の①，②にあてはまる語句や＋または－の記号を入れましょう。

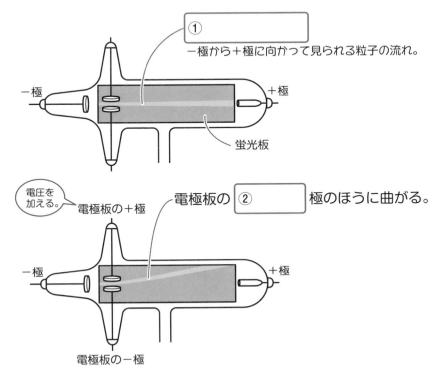

①

－極から＋極に向かって見られる粒子の流れ。

－極　　　　＋極

蛍光板

電圧を加える。　電極板の＋極

電極板の ② 　　　　極のほうに曲がる。

－極　　　　＋極

電極板の－極

2 次の問いに答えましょう。

(1) 真空放電管に電圧を加えたときに見られる粒子の流れを何といいますか。

(2) (1)は，－の電気をもった粒子の流れです。この粒子を何といいますか。

(3) Ｘ線，α線，β線，γ線などを何といいますか。

コレだけ！

□ 真空放電管に電圧を加えたときに見られる粒子の流れを陰極線（電子線）という。

□ －の電気をもった小さな粒子を電子という。

4章
電流のはたらき

回路を図に表そう！

 乾電池や豆電球，スイッチをうまくつなぐと明かりがつくことは小学校で勉強したのぅ。これを，簡単な図でかく方法を見ていこう！

❶ 回路と回路図

電池，電球，導線をつないだとき，電流の流れる道すじを回路といいます。

回路のようすを電気用図記号を用いて表したものを回路図といいます。

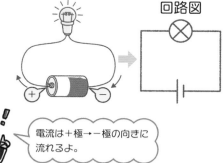

回路図

電流は＋極→－極の向きに流れるよ。

電気器具	電源	スイッチ	抵抗器 電熱線	電球	電流計	電圧計	導線の交わり （接続するとき）
電気用 図記号	ー極 ＋極		□	⊗	Ⓐ	Ⓥ	┼

❷ 直列回路と並列回路

電流の流れる道すじが１本の回路を直列回路といい，途中で枝分かれしている回路を並列回路といいます。

この図がカギ！

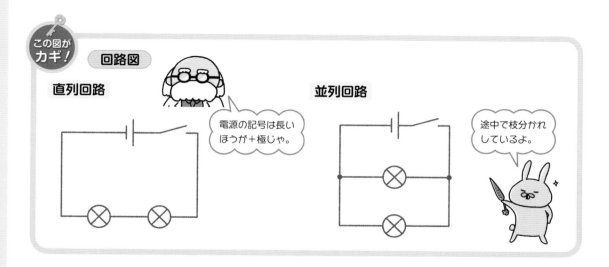

回路図

直列回路

並列回路

電源の記号は長いほうが＋極じゃ。

途中で枝分かれしているよ。

1 2通りの回路についてかかれた次の①，②にあてはまる語句を入れましょう。

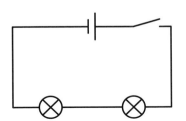

電流の流れる道すじが1本の回路を

① ［　　　　　　　　　］という。

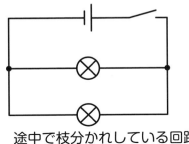

途中で枝分かれしている回路を

② ［　　　　　　　　　］という。

4章 電流のはたらき

2 次の電気用図記号で表されるものを答えましょう。

(1)

(2)

(3)

3 下の図の回路を回路図でかきましょう。

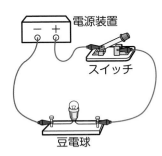

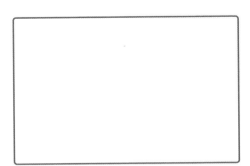

- □ 電流の流れる道すじが１本の回路を直列回路という。
- □ 途中で枝分かれしている回路を並列回路という。

電流計と電圧計を使ってみよう！

 回路にどれくらいの電流が流れているのかはかってみよう。電圧のはかり方は電流と同じじゃろうか？

❶ 電流計

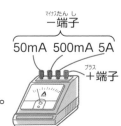
ー端子
50mA 500mA 5A
＋端子

回路に流れる電流の大きさは，電流計を用いてはかります。
電流計は，電流をはかりたい部分に直列につなぎます。
電流の単位には，アンペア（A）やミリアンペア（mA）を用います。

この図が
カギ！

電流計のつなぎ方

回路図

はかりたい部分に
直列につなぐ。

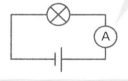

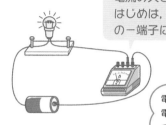

電流の大きさがわからないとき，はじめは，いちばん大きい5Aのー端子につなぐ。

電源の＋極側と
電流計の＋端子を
つなぐんだね。

❷ 電圧計

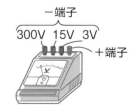
ー端子
300V 15V 3V
＋端子

電圧の大きさは，電圧計を用いてはかります。
電圧計は，電圧をはかりたい部分に並列につなぎます。
電圧の単位には，ボルト（V）を用います。

この図が
カギ！

電圧計のつなぎ方

回路図

はかりたい部分に
並列につなぐ。

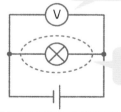

はかりた
い部分。

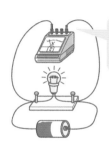

電圧の大きさがわからないとき，はじめは，いちばん大きい300Vのー端子につなぐ。

解いて みよう！　解答 p.14

月　日

① 次の①〜④にあてはまる語句を入れましょう。

●電流計のつなぎ方
電流の大きさがわからないとき，はじめは，いちばん値の ① ［　　　　　］ 電流の書かれた－端子につなぐ。

●電圧計のつなぎ方
電圧の大きさがわからないとき，はじめは，いちばん値の ③ ［　　　　　］ 電圧の書かれた－端子につなぐ。

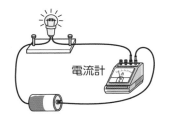

　電圧計

はかりたい部分に
② ［　　　　　］ につなぐ。

はかりたい部分に
④ ［　　　　　］ につなぐ。

② 右の回路図のような回路をつくり，電流と電圧の大きさを調べました。次の問いに答えましょう。

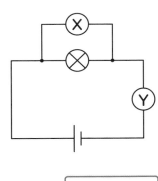

(1) 電流計は，図の**X**と**Y**のどちらですか。
［　　　　　］

(2) 電流の大きさがわからないとき，電源の－極側とつなぐのは，電流計のどの端子ですか。電流計には次の**ア**〜**エ**の端子があるものとして，この中から選びましょう。
［　　　　　］

　ア　50mAの－端子　　**イ**　500mAの－端子
　ウ　5Aの－端子　　**エ**　＋端子

(3) 電圧の単位には何を用いますか。単位の記号を答えましょう。
［　　　　　］

コレだけ！

□ **電流計は，電流をはかりたい部分に直列につなぐ。**

□ **電圧計は，電圧をはかりたい部分に並列につなぐ。**

回路と電流

電流のきまりをおさえよう！

回路を流れる電流は，川の水の流れとよく似ておるんじゃ。直列回路と並列回路での流れる電流の大きさのきまりを見つけよう！

❶ 回路と電流

直列回路における電流の大きさは，回路のどの部分も同じです。

並列回路における枝分かれする前や合流したあとの電流の大きさは，**枝分かれしたあとの電流の大きさの和に等しく**なります。

電流は，記号 I を使って表されます。

回路を流れる電流の大きさを見てみましょう。

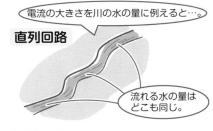

直列回路

電流の大きさを川の水の量に例えると…。

流れる水の量はどこも同じ。

並列回路

枝分かれしても，全体の流れる水の量の合計は，枝分かれする前後と変わらない。

この図が**カギ！**

回路を流れる電流

直列回路

$$I_A = I_B = I_C$$

どの部分も同じ。

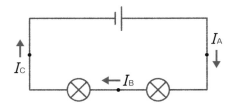

I_A が 5 A なら，I_B，I_C も 5 A だよ。

並列回路

$$I_D = I_E + I_F = I_G$$

枝分かれしたあとの合計が，分かれる前後と同じ。

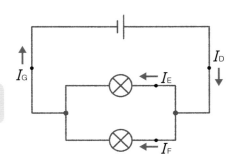

$I_E + I_F$ が I_D，I_G とそれぞれ等しくなるんじゃ！

解いてみよう！

解答 p.15

1 電流の大きさについて示した次の図の①〜③にあてはまる記号を入れましょう。

●直列回路を流れる電流

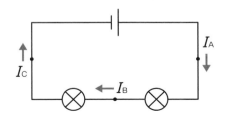

●並列回路を流れる電流

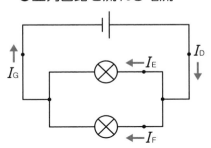

I_A ①[　　　] I_B ②[　　　] I_C

電流の大きさはどこも同じ。

$I_D = I_E$ ③[　　　] $I_F = I_G$

枝分かれしても，全体の電流の大きさ
は枝分かれする前後で変わらない。

2 右の回路図で，点Aと点Bに流れる電流の
大きさを求めましょう。

点A [　　　　　　　　　]

点B [　　　　　　　　　]

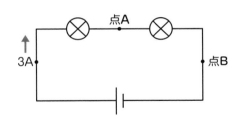

3 右の回路図で，点Aと点Bに流れる電流の
大きさを求めましょう。

点A [　　　　　　　　　]

点B [　　　　　　　　　]

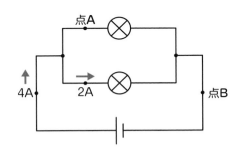

コレだけ！

□ **直列回路では，電流の大きさは回路のどの部分も同じである。**

□ **並列回路では，枝分かれする前と合流したあとの電流の大きさは枝分かれした
　あとの電流の大きさの和に等しい。**

電圧のきまりをおさえよう！

回路に加わる電圧は川の水の落差に例えることができるんじゃ。
直列回路と並列回路の電圧の大きさをマスターしよう！

❶ 回路と電圧

電流を流そうとする力を電圧といいます。

直列回路における各部分の電圧の大きさの和は，全体の電圧の大きさと等しくなります。

並列回路における各部分の電圧の大きさは，全体の電圧の大きさと等しくなります。

電圧は，記号 V を使って表されます。

回路に加わる電圧の大きさを見てみましょう。

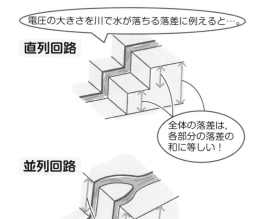

電圧の大きさを川で水が落ちる落差に例えると…。

直列回路

全体の落差は，各部分の落差の和に等しい！

並列回路

落差は，どこも等しい。

この図がカギ！

回路に加わる電圧

直列回路

$$V = V_A + V_B$$

各部分の電圧の和が
全体の電圧と同じ。

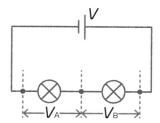

V_A が 5 V，V_B が 15 V なら，電源の電圧 V は，5 V ＋ 15 V ＝ 20 V だよ。

並列回路

$$V = V_C = V_D$$

各部分の電圧と
全体の電圧が同じ。

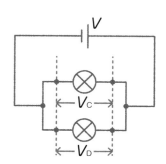

電源の電圧 V が 10 V なら，V_C，V_D も 10 V になるんじゃ！

解いて みよう！

解答 p.15

1 電圧の大きさについて示した次の図の①～③にあてはまる記号を入れましょう。

●直列回路に加わる電圧

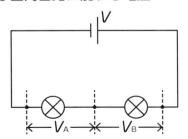

$V = V_A$ ① V_B

全体の電圧の大きさは，各部分の
電圧の大きさの和に等しい。

●並列回路に加わる電圧

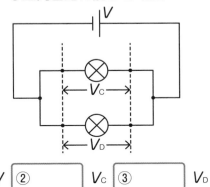

V ② V_C ③ V_D

電圧の大きさは，どこも同じ。

2 右の回路図で，豆電球Bの両端に加わる電圧の大きさを求めましょう。

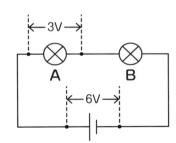

3 右の回路図で，豆電球Aと豆電球Bの両端に加わる電圧の大きさを求めましょう。

豆電球A

豆電球B

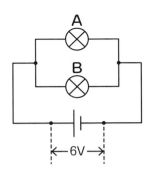

コレだけ！

☐ 直列回路では，各部分の電圧の大きさの和は，全体の電圧の大きさと等しい。

☐ 並列回路では，各部分の電圧の大きさは，全体の電圧の大きさと等しい。

電圧と電流の関係を調べよう！

電熱線に加える電圧を変えると，流れる電流の大きさも変わるのじゃ。電圧や電流，抵抗の大きさを求めてみよう！

❶ 電圧と電流の関係

回路に電熱線をつなぎ電圧を加えてみましょう。

このとき，電熱線には電流が流れ，その大きさは加える電圧の大きさに**比例**します。

この関係を，**オームの法則**といいます。

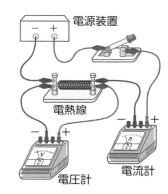

電圧の大きさを2倍，3倍にすると，電流の大きさも2倍，3倍になるんだね！

❷ 抵抗

電熱線には電流が流れやすいものと流れにくいものがあります。

電流の流れにくさのことを**電気抵抗**または**抵抗**といい，記号 R で表します。

抵抗の単位は**オーム（Ω）**で，大きいほど，電流は流れにくくなります。

この式がカギ！

オームの法則

電圧〔V〕＝抵抗〔Ω〕×電流〔A〕

求めるものを指でかくすと，式がわかるよ。

ここにも注目

電流や抵抗を求めるときは，次のように変形できます。

$$電流〔A〕＝\frac{電圧〔V〕}{抵抗〔Ω〕}, \quad 抵抗〔Ω〕＝\frac{電圧〔V〕}{電流〔A〕}$$

例題

右の回路図で，電源の電圧の大きさを求めましょう。

〔解き方〕

電熱線の抵抗は**6Ω**，回路を流れる電流は**0.5A**だから，

電圧〔V〕＝抵抗〔Ω〕×電流〔A〕より，

6Ω×0.5A＝3V…答

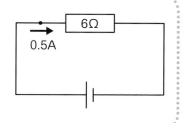

解いて みよう！

解答 p.15

1 次の式の①，②にあてはまる語句を入れましょう。

●オームの法則

電圧〔V〕＝ | ① 　　　〔Ω〕| × | ② 　　　〔A〕|

2 次の問いに答えましょう。

(1) 電熱線に電圧を加えるとき，電熱線に加わる電圧の大きさと電熱線を流れる電流の大きさにはどのような関係がありますか。

(2) (1)の関係を何の法則といいますか。

(3) 電流の流れにくさのことを何といいますか。

3 次の(1)〜(3)を，それぞれ求めましょう。

(1) 電源の電圧の大きさ　　(2) 回路に流れる電流の大きさ　　(3) 電熱線の抵抗の大きさ

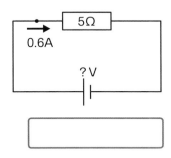

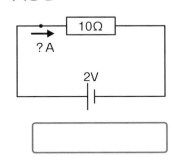

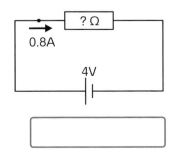

コレだけ！

□ 電熱線に流れる電流の大きさは電圧の大きさに比例する。この関係をオームの法則という。

□ 電圧〔V〕＝抵抗〔Ω〕×電流〔A〕

直列回路の抵抗の大きさを求めよう!

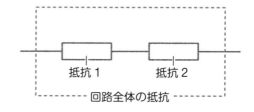
抵抗を直列につなぐと，回路全体の抵抗はどうなるんじゃろうか？
大きくなる？それとも小さくなる？

❶ 直列回路の抵抗

2つの抵抗を直列につないだとき，回路全体の抵抗の大きさは，2つの抵抗の大きさの和に等しくなります。

抵抗1　抵抗2
------- 回路全体の抵抗 -------

この式が
カギ！

抵抗の大きさがR_aとR_bの2つの抵抗を直列につないだとき，回路全体の抵抗の大きさRは，次の式で求めることができる。

$$R = R_a + R_b$$

全体の抵抗の大きさは，
2つの抵抗の大きさの和と同じ。

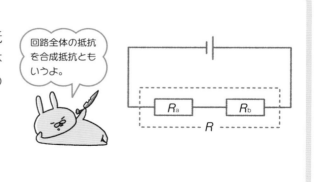
回路全体の抵抗
を合成抵抗とも
いうよ。

R_a　R_b
------- R -------

例題

右の回路図で，回路全体の抵抗の大きさを求めましょう。

[解き方]

回路全体の抵抗の大きさは，各部分の抵抗の大きさの和に等しいので，

20Ω＋20Ω＝40Ω…答

20Ω　20Ω

回路全体の抵抗の大きさは，
抵抗が1つのときよりも大
きくなるんだね。

解いて みよう！

解答 p.15

1 次の①にあてはまる式を入れましょう。

抵抗の大きさがR_aとR_bの２つの抵抗を
直列につないだとき，回路全体の抵抗の
大きさRは，次の式で求められる。

$R =$ ① 　　　　　　　　　

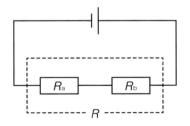

2 次のそれぞれの回路において，回路全体の抵抗の大きさを求めましょう。

(1)
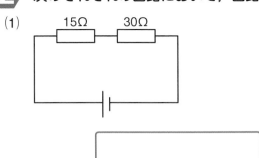

(2)
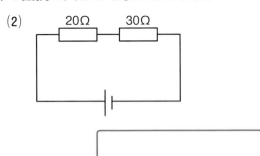

3 次のそれぞれの回路において，回路全体の抵抗の大きさは40Ωです。(1)は抵抗器A，(2)は抵抗器Bの抵抗の大きさを，それぞれ求めましょう。

(1)
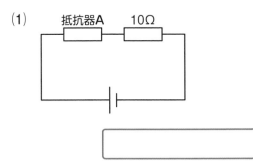

(2)
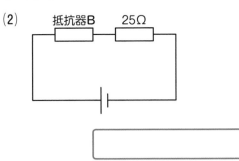

□　**２つの抵抗を直列につないだとき，回路全体の抵抗の大きさは，２つの抵抗の大きさの和に等しくなる。**

並列回路の抵抗の大きさを求めよう！

抵抗を直列につないだときと並列につないだときとでは，回路全体の抵抗の大きさは変わるんじゃろうか？

① 並列回路の抵抗

２つの抵抗を並列につないだとき，回路全体の抵抗の大きさは，ひとつひとつの抵抗の大きさよりも小さくなります。

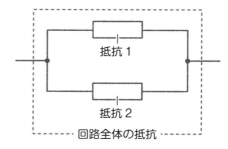

この式がカギ！

抵抗の大きさがR_aとR_bの２つの抵抗を並列につないだとき，回路全体の抵抗の大きさRは，次の式で求めることができる。

$$\frac{1}{R}=\frac{1}{R_a}+\frac{1}{R_b}$$

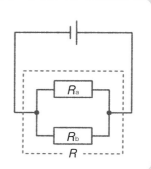

例題

右の回路図で，回路全体の抵抗の大きさを求めましょう。

［解き方］

上の式にあてはめて考えます。

$R_a＝15\,Ω$，$R_b＝30\,Ω$より，

$$\frac{1}{R}=\frac{1}{15}+\frac{1}{30}=\frac{2}{30}+\frac{1}{30}=\frac{3}{30}=\frac{1}{10}$$

回路全体の抵抗の大きさRは，

$10\,Ω$…答

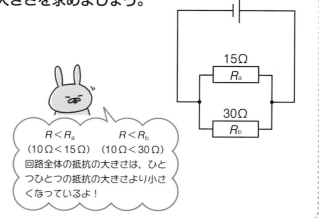

$R<R_a$　　　$R<R_b$
（$10\,Ω<15\,Ω$）（$10\,Ω<30\,Ω$）
回路全体の抵抗の大きさは，ひとつひとつの抵抗の大きさより小さくなっているよ！

解いて みよう！

1 次の①にあてはまる式を入れましょう。

抵抗の大きさがR_aとR_bの2つの抵抗を並列に
つないだとき，回路全体の抵抗の大きさRは，
次の式で求められる。

$$\frac{1}{R} = \boxed{① \qquad\qquad}$$

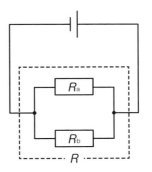

2 次の回路において，回路全体の抵抗の大きさを求めましょう。

(1)

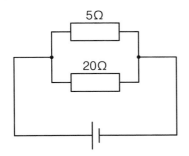

（5Ω, 20Ω）

（　　　　　　　　　　）

(2)

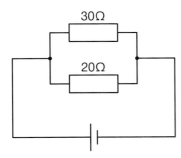

（30Ω, 20Ω）

（　　　　　　　　　　）

コレだけ！

□ **2つの抵抗を並列につないだとき，回路全体の抵抗の大きさは，ひとつひとつ**
の抵抗の大きさよりも小さくなる。

電気のはたらきを表してみよう！

電気器具に書かれている『100V-100W』ってどういう意味か知っておるかな？電気エネルギーについて調べてみよう！

❶ 電力

蛍光灯や電気ポットなどの電気器具は，電気のはたらきで明るくなったり，水をあたためたりします。

このような，電気がもついろいろなはたらきをする能力を**電気エネルギー**といいます。

１秒あたりに使われる電気エネルギーの大きさを**電力**といいます。

電力の単位には，**ワット（W）**を用います。

> **この式がカギ！**　電力〔W〕＝電圧〔V〕×電流〔A〕

❷ 電力量

電流によって消費された電気エネルギーの総量を**電力量**といいます。

電力量の単位には，**ジュール（J）**を用います。

> **この式がカギ！**　電力量〔J〕＝電力〔W〕×時間〔s〕

時間の単位は「秒」だよ。秒は「s」とも書くんだね。

例題

電熱線に３Vの電圧を加えて，２Aの電流を流しました。
①電熱線が消費する電力を求めましょう。
②電流を30秒間流したときの電力量を求めましょう。

〔解き方〕

①電熱線に加わる電圧は３V，電熱線に流れる電流は２Aだから，
　　電力〔W〕＝電圧〔V〕×電流〔A〕より，**３V×２A＝6W**…答

②電流を流した時間は，**30秒**だから，
　　電力量〔J〕＝電力〔W〕×時間〔s〕より，**6W×30s＝180J**…答

解いて みよう！

1 次の式の①～④にあてはまる語句を入れましょう。

● 電力〔W〕＝ ① ［V］ × ② ［A］

● 電力量〔J〕＝ ③ ［W］ × ④ ［s〕

2 次の問いに答えましょう。

(1) 1秒あたりに使われる電気エネルギーの大きさを何といいますか。

(2) (1)の大きさを表す単位は何ですか。単位の記号を答えましょう。

(3) 電流によって消費された電気エネルギーの総量を何といいますか。

3 電熱線に5Vの電圧を加えて，3Aの電流を流しました。次の問いに答えましょう。

(1) 電熱線が消費する電力を求めましょう。

(2) 電流を60秒間流したときの電力量を求めましょう。

コレだけ！

☐ **1秒あたりに使われる電気エネルギーの大きさを電力という。**

　　電力〔W〕＝電圧〔V〕×電流〔A〕

☐ **電流によって消費された電気エネルギーの総量を電力量という。**

　　電力量〔J〕＝電力〔W〕×時間〔s〕

水の上昇温度を調べよう！

電気ポットに電流を流すとお湯がわくじゃろう？水の上昇温度は何で決まるのか調べてみよう！

◆ 水の上昇温度を調べる実験 ◆

実験方法

①6V-6W，6V-9W，6V-18Wの電熱線を用意する。

②図のような装置で，電熱線を水の中に入れて電熱線に6Vの電圧を加える。

③それぞれの電熱線について，1分ごとに水の上昇温度を測定する。

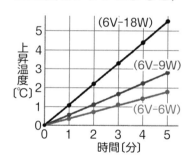

電源装置

電熱線(6V-6W)
6V-9W
6V-18W

温度計　　発泡ポリスチレンのカップ

実験結果

		1分後	2分後	3分後	4分後	5分後
上昇温度〔℃〕	6V-6W	0.4	0.7	1.1	1.5	1.8
	6V-9W	0.6	1.1	1.6	2.2	2.8
	6V-18W	1.1	2.2	3.3	4.4	5.5

左の表をグラフにすると，

まとめ

・電力が大きい電熱線ほど，水の上昇温度が大きい。

・電流を流す時間が長いほど，水の上昇温度が大きい。

➡水の上昇温度は，電力や電流を流す時間に比例する。

1 熱量

物質に出入りする熱の量を熱量といいます。

熱量の単位には，ジュール（J）を用います。

電熱線に電流を流したときに発生する熱量は，次の式で求めることができます。

熱量〔J〕＝電力〔W〕×時間〔s〕

例えば，電熱線に6Vの電圧を加えて3Aの電流を10秒間流したときの熱量は，
6V×3A×10s＝180Jとなります。

熱量の求め方は
電力量の求め方
（→ステージ53）
と同じだぞ！

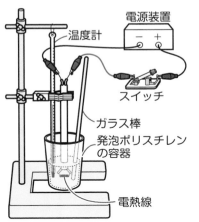

解いて みよう！　解答 p.16

1 右の図のような装置で，電熱線A（12V‐6W），電熱線B（12V‐18W）をそれぞれ水の中に入れ，12Vの電圧を加えて4分間電流を流しました。表は，そのときの水の上昇温度をまとめたものです。あとの問いに答えましょう。

時間〔分〕		1	2	3	4
上昇温度〔℃〕	電熱線A	0.8	1.7	2.5	3.3
	電熱線B	2.5	5.0	7.4	9.7

(1) 水の上昇温度は，電熱線に電流を流す時間とどのような関係がありますか。

(2) 電流を流し始めてから4分後の水の上昇温度が高かったのは，電熱線A，Bのどちらを使ったときですか。

(3) 4分間電流を流したときに電熱線から発生した熱量が大きいのは，電熱線A，Bのどちらですか。

(4) 電熱線Aに4分間電流を流したときの熱量を求めましょう。

コレだけ！

□ **物質に出入りする熱の量を熱量という。**

□ **熱量〔J〕＝電力〔W〕×時間〔s〕**

磁界についておさえよう！

> 磁石にはN極とS極があって，磁力がはたらくじゃろ？
> 導線も，電流を流すと，磁石と同じようなはたらきをするんじゃ。
> くわしく見てみよう！

❶ 磁石のまわりの磁界

磁力のはたらいている空間を**磁界**といいます。

磁界の中で，磁針のN極がさす向きを**磁界の向き**といい，磁界のようすを表した線を**磁力線**といいます。

磁力線の矢印は磁界の向きを表しています。

> 磁界の向きは，
> N極からS極だね。

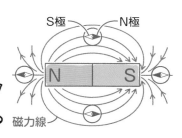

S極　N極　磁力線

❷ コイルのまわりの磁界

導線に電流が流れると，導線のまわりに磁界ができます。

電流の向きをねじが進む向きとしたとき，ねじを回す向きが磁界の向きになります。

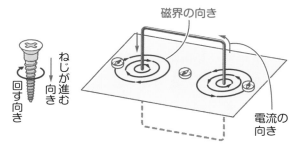

磁界の向き　ねじが進む向き　回す向き　電流の向き

コイルに電流を流したときの磁界のようすを見てみましょう。

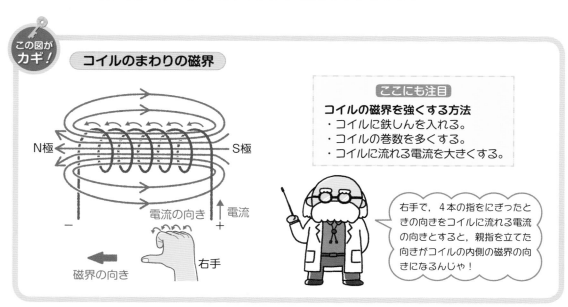

この図がカギ！ コイルのまわりの磁界

N極　S極　電流の向き　電流　－　＋　右手　磁界の向き

【ここにも注目】
コイルの磁界を強くする方法
・コイルに鉄しんを入れる。
・コイルの巻数を多くする。
・コイルに流れる電流を大きくする。

> 右手で，4本の指をにぎったときの向きをコイルに流れる電流の向きとすると，親指を立てた向きがコイルの内側の磁界の向きになるんじゃ！

解いて みよう！ 解答 p.16

1 次の図の①，②にあてはまるアルファベットを入れましょう。

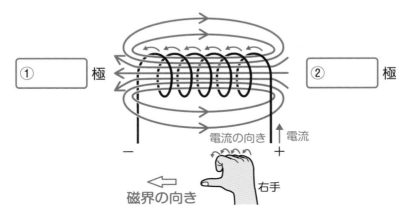

① ［　　　］極　　　② ［　　　］極

電流の向き ↑ 電流

← 磁界の向き　　右手

2 次の問いに答えましょう。

(1) 磁力のはたらいている空間を何といいますか。

［　　　　　　　　　　　　］

(2) (1)の中で，磁針のN極がさす向きを何といいますか。

［　　　　　　　　　　　　］

(3) (1)のようすを表した線を何といいますか。

［　　　　　　　　　　　　］

3 導線のまわりに方位磁針を置いて，導線に電流を流すと，右の図のような磁界ができました。このとき電流が流れた向きは，ア，イのどちらですか。

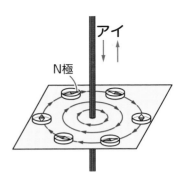

アイ

N極

［　　　　　　　　　　　　］

□ 磁力のはたらいている空間を磁界という。

□ 磁界の中で，磁針のN極がさす向きを磁界の向きという。

磁界から電流が受ける力を調べよう!

扇風機や掃除機などにはコイルと磁石からできたモーターが使われている。電流を流したコイルに磁石を近づけると，何が起こるんじゃろう？

❶ 電流が磁界から受ける力

磁界の中で導線に電流を流すと，**電流は磁界から力を受けます。**

電流が磁界から受ける力の向きは，電流の向きと磁界の向きによって決まります。

図のような装置でコイルに電流を流して，コイルがどのような力を受けるか見てみましょう。

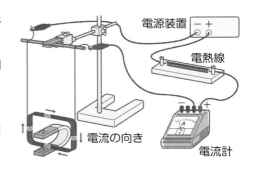

この図が
カギ！

コイルが磁界から受ける力

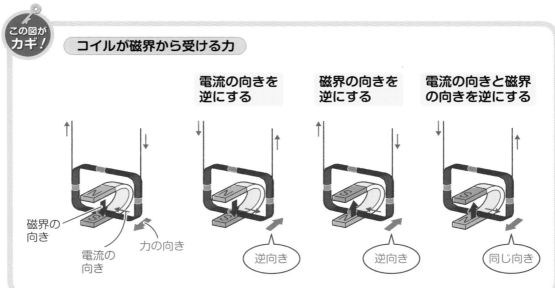

| | 電流の向きを逆にする | 磁界の向きを逆にする | 電流の向きと磁界の向きを逆にする |

磁界の向き
電流の向き
力の向き

逆向き　逆向き　同じ向き

電流の向きを逆にしたり，磁界の向きを逆にしたりすると，力の向きは逆になります。

また，電流を大きくすると，力は大きくなります。

電流の向きと磁界の向きの両方を逆にすると，力の向きは同じになるんだね。

モーターの中には，コイルと磁石が入っていて，電流が磁界から受ける力を利用して回転しています。

解いて みよう！　解答 p.17

1 次の図の①〜③にあてはまる語句を入れましょう。

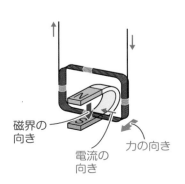

電流の向きを
逆にする

磁界の向きを
逆にする

電流の向きと磁界
の向きを逆にする

磁界の
向き

電流の
向き

力の向き

力の向きは，
はじめと

① _____

向きになる。

力の向きは，
はじめと

② _____

向きになる。

力の向きは，
はじめと

③ _____

向きになる。

2 図のような装置をつくり，コイルに電流を流すと，コイルはアの向きに動きました。次の問いに答えましょう。

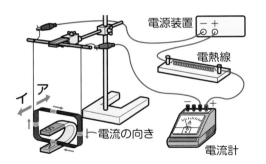

電源装置

電熱線

イ　ア

電流の向き

電流計

(1) コイルに流れる電流の向きを逆にすると，コイルは，**ア**，**イ**のどちらの向きに動きますか。

_____

(2) 電流の向きはそのままで，磁石のN極とS極を逆にすると，コイルは，**ア**，**イ**のどちらの向きに動きますか。

_____

(3) コイルに流れる電流の大きさを大きくすると，コイルの動きはどうなりますか。次の**ア**〜**ウ**から選びましょう。

_____

ア 大きくなる。　　**イ** 小さくなる。　　**ウ** 変わらない。

コレだけ！

□ 電流が磁界から受ける力の向きは，電流，または磁界の向きを逆にすると逆になる。

□ 電流が磁界から受ける力の大きさは，電流を大きくすると大きくなる。

コイルと磁石で電流を流そう！

手回し発電機は，コイルと磁石から電流をつくり出すようになっているんじゃ。どんなしくみか見てみよう！

❶ 電磁誘導

コイルに磁石を近づけたり遠ざけたりすると，コイルに電流が流れます。

このように，コイル内部の磁界が変化することで電流が流れる現象を**電磁誘導**といいます。

また，このとき流れる電流を**誘導電流**といいます。

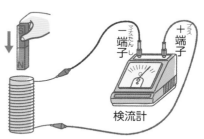

検流計

検流計の針のふれ方で電流の向きがわかるんだね！

この図がカギ！ 　**誘導電流の流れる向き**

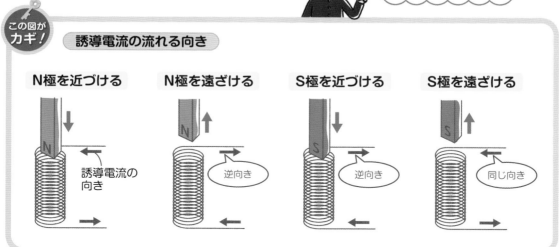

N極を近づける	N極を遠ざける	S極を近づける	S極を遠ざける
誘導電流の向き	逆向き	逆向き	同じ向き

磁石の極を逆にすると，誘導電流の向きは**逆**になります。
また，磁石を遠ざけるときと近づけるときとでは，誘導電流の向きは**逆**になります。

ここにも注目
誘導電流を大きくする方法
・コイルの巻数を多くする。
・磁石を速く動かす。
・磁石の磁力を強くする。

手回し発電機は，発電機の磁石が回転することでコイルに電流が流れるしくみになっているんじゃ。

解いて みよう！ 　解答 p.17

1 次の図の①〜③にあてはまる語句を入れましょう。

N極を近づける　　　　N極を遠ざける　　　　S極を近づける　　　　S極を遠ざける

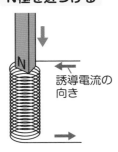
誘導電流の
向き

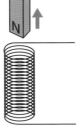

電流の向きは，
はじめと

①

向きになる。

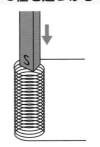

電流の向きは，
はじめと

②

向きになる。

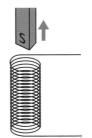

電流の向きは，
はじめと

③

向きになる。

2 図のように，コイルに棒磁石のS極を近づけると，検流計の針が左にふれました。次の問いに答えましょう。

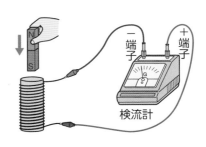
検流計

(1) コイル内部の磁界が変化することで電流が流れる現象を何といいますか。

(2) (1)の現象によって流れる電流を何といいますか。

(3) 検流計の針が右にふれるのは，次の**ア**，**イ**のどちらですか。

　ア　コイルに棒磁石のN極を近づける。
　イ　コイルから棒磁石のN極を遠ざける。

コレだけ！
☐ **コイル内部の磁界が変化することで電流が流れる現象を電磁誘導という。**
☐ **電磁誘導によって流れる電流を誘導電流という。**

右余白（縦書き）：
4章　電流のはたらき

2つの電流のちがいを調べよう！

家庭のコンセントから流れる電流（でんりゅう）は，乾電池（かんでんち）から流れる電流と少しちがうんじゃ。どのようにちがうのか見てみよう！

❶ 直流（ちょくりゅう）と交流（こうりゅう）

一定の向きに，つねに同じ大きさで流れる電流を**直流**といいます。
乾電池による電流は直流で，＋極（プラス）から－極（マイナス）へ向かって流れます。

一方，向きと大きさが周期的に変化する電流を**交流**といいます。
コンセントから流れる電流は交流です。

直流と交流のようすをオシロスコープで見てみると，直流は直線の形をしていますが，交流は波がくり返された形になります。

電流の変化が１秒間にくり返される回数を，その交流の**周波数**（しゅうはすう）といいます。
周波数の単位には，**ヘルツ (Hz)** を用います。

この図が
カギ！

オシロスコープで見た直流と交流のちがい

直流

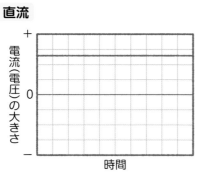

縦軸：電流（電圧）の大きさ（＋, 0, －）
横軸：時間

交流

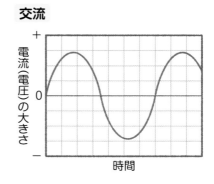

縦軸：電流（電圧）の大きさ（＋, 0, －）
横軸：時間

交流の波形は，周期的に向きと大きさが変化しているね！

1 次の図は，オシロスコープで見た電流のようすを表しています。①，②にあてはまる語句を入れましょう。

① ☐

つねに同じ大きさで流れる電流。

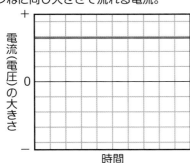

② ☐

向きと大きさが周期的に変化する電流。

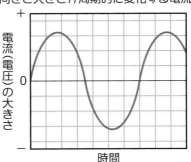

2 次の問いに答えましょう。

(1) 乾電池による電流のように，一定の向きに，つねに同じ大きさで流れる電流を何といいますか。

☐

(2) コンセントから流れる電流のように，向きと大きさが周期的に変化する電流を何といいますか。

☐

(3) (2)で，電流の変化が1秒間にくり返される回数を何といいますか。

☐

(4) (3)を表す単位は何ですか。単位の記号を答えましょう。

☐

コレだけ！

☐ 一定の向きに，つねに同じ大きさで流れる電流を直流という。

☐ 向きと大きさが周期的に変化する電流を交流という。

確認テスト

解答p.17　　　/100点

1 真空放電管に蛍光板を入れて電圧を加えると，右の図のように，－極から＋極に向かって粒子の流れが見られました。次の問いに答えましょう。(8点×2)

▶ステージ **45**

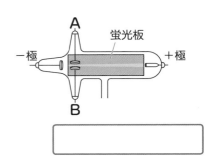

蛍光板
－極　＋極
A
B

(1) 図のような粒子の流れを何といいますか。

(2) 図のAを－極，Bを＋極につないで電圧を加えると，(1)の粒子の流れはどうなりますか。次のア～ウから選びましょう。

　　ア　上のほうに曲がる。　　　イ　下のほうに曲がる。　　　ウ　変わらない。

2 図1のような回路をつくり，電熱線Xに加わる電圧の大きさと流れる電流の大きさを調べました。次の問いに答えましょう。(8点×3)

▶ステージ **47 48 50**

図1

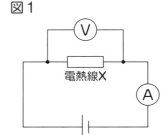

V
電熱線X
A

(1) 電流の大きさがわからないとき，電流計の－端子ははじめにどの端子を使いますか。電流計には次のア～ウの端子があるものとして，この中から選びましょう。

　　ア　50mAの－端子　　　イ　500mAの－端子　　　ウ　5Aの－端子

(2) 図1の回路に電流を流すと，電流計は0.3A，電圧計は6Vを示しました。電熱線Xの抵抗の大きさは何Ωですか。

(3) 電熱線Xと抵抗の大きさが10Ωの電熱線Yを図2のようにつなぎました。電熱線Xを流れる電流が0.2Aのとき，電熱線Yに流れる電流の大きさは何Aですか。

図2

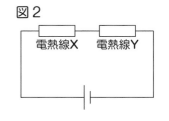

電熱線X　電熱線Y

3 右の図のような装置をつくり，コイルに電流を流すと，コイルはAの向きに動きました。次の問いに答えましょう。（9点×4）　>ステージ 55 56

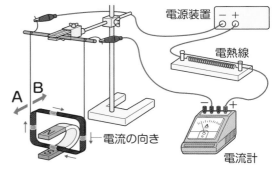

(1) 磁石による磁界の向きとして正しいのは，次の**ア**，**イ**のどちらですか。

　ア　N極からS極　　　**イ**　S極からN極

(2) 次の①～③のとき，コイルは図の**A**，**B**のどちらの向きに動きますか。

　①　磁石の極を逆にする。

　②　電流の向きと，磁石の極を逆にする。

　③　電流の大きさを大きくする。

4 右の図のように，コイルに棒磁石のN極を近づけると，検流計の針が右にふれました。次の問いに答えましょう。（8点×3）　>ステージ 57

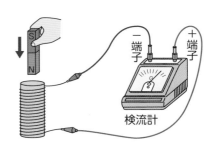

(1) 検流計の針がふれたのは，コイルの内部の磁界が変化して電流が流れたからです。このとき流れた電流を何といいますか。

(2) 棒磁石のN極を下にしてコイルから遠ざけると，検流計の針は左右どちらにふれますか。

(3) (1)の大きさを大きくするにはどうすればよいですか。次の**ア**～**ウ**からすべて選びましょう。

　ア　コイルの巻数を多くする。
　イ　磁石をゆっくり動かす。
　ウ　磁石の磁力を強くする。

135

電流計と電圧計の読みとり方

電流計や電圧計は，つなぐ－端子によって，目盛りの読み方がちがう。

電流計の目盛りの読み方

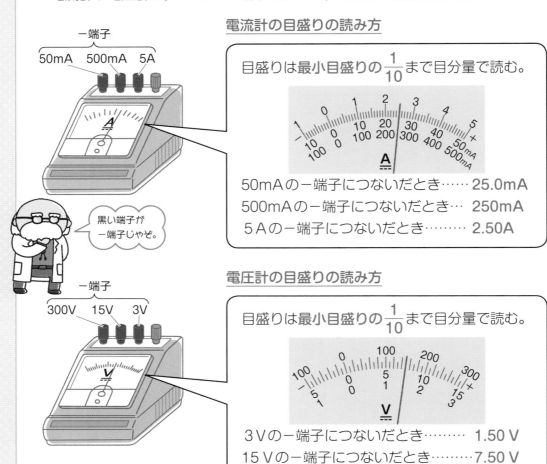

目盛りは最小目盛りの $\frac{1}{10}$ まで目分量で読む。

50mAの－端子につないだとき……25.0mA

500mAの－端子につないだとき… 250mA

5Aの－端子につないだとき………2.50A

黒い端子が－端子じゃぞ。

電圧計の目盛りの読み方

目盛りは最小目盛りの $\frac{1}{10}$ まで目分量で読む。

3Vの－端子につないだとき……… 1.50 V

15Vの－端子につないだとき………7.50 V

300Vの－端子につないだとき…… 150 V

電流計や電圧計の目盛りも読めるようになったぞ！

理科っておもしろいかも！ハカセ！助手にして！

成長したのぅ…

□ 編集協力　㈲マイプラン　平松元子　松本陽一郎
□ 本文デザイン　studio1043　CONNECT
□ DTP　㈲マイプラン
□ 図版作成　㈲マイプラン
□ 写真提供　気象庁　Ali Taylor　Robin Klaiss
□ イラスト　さやましょうこ　㈲マイプラン）

シグマベスト
ぐーんっとやさしく
中2理科

本書の内容を無断で複写（コピー）・複製・転載することを禁じます。また，私的使用であっても，第三者に依頼して電子的に複製すること（スキャンやデジタル化等）は，著作権法上，認められていません。

© BUN-EIDO 2021　　Printed in Japan

編　者　文英堂編集部
発行者　益井英郎
印刷所　株式会社加藤文明社
発行所　株式会社文英堂
　　　　〒601-8121　京都市南区上鳥羽大物町28
　　　　〒162-0832　東京都新宿区岩戸町17
　　　　（代表）03-3269-4231

●落丁・乱丁はおとりかえします。

ぐーんっと
やさしく

解答と解説

文英堂

物質を分解してみよう!

1 次の①〜④にあてはまる語句を入れましょう。

●石灰水の変化

① 二酸化炭素 を通すと

② 白くにごる。

●塩化コバルト紙の変化

③ 水 があると

青色から ④ 赤(桃) 色に変化する。

2 下の図のようにして, 炭酸水素ナトリウムを加熱すると, 石灰水が白くにごりました。次の問いに答えましょう。

(1) 試験管**B**の石灰水が白くにごったことから, 発生した気体は何であることがわかりますか。

二酸化炭素

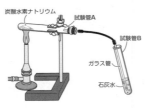
炭酸水素ナトリウム
試験管A
試験管B
ガラス管
石灰水

(2) 試験管**A**の口付近には液体がついていました。この液体を青色の塩化コバルト紙につけたところ, 塩化コバルト紙は赤色に変化しました。試験管**A**の口付近についていた液体は何ですか。

水

(3) 炭酸水素ナトリウムを加熱したときのように, 加熱によって1種類の物質が2種類以上の別の物質に分かれる化学変化を何といいますか。

1種類の物質が2種類以上の別の物質に分かれる化学変化を分解という。

熱分解

水に電流を流してみよう!

1 次の①, ②にあてはまる気体の名前を入れましょう。

気体が入った試験管にマッチの火を近づけるとポンと音を立てて気体が燃える。

→ ① 水素

気体が入った試験管に火のついた線香を入れると線香が炎を上げて激しく燃える。

→ ② 酸素

2 右の図のようにして, 水に電流を流したところ, 陰極と陽極から気体が発生しました。次の問いに答えましょう。

少量の水酸化ナトリウムをとかした水
陰極 陽極
電源装置

(1) 実験で, 少量の水酸化ナトリウムをとかした水を用いたのはなぜですか。次の**ア**〜**エ**から選びましょう。

エ

ア 反応がゆっくり進むようにするため。
イ 温度を一定に保つため。
ウ 発生した気体が水にとけるのを防ぐため。
エ 水に電流を流しやすくするため。

(2) 陰極から発生した気体の性質として正しいものはどれですか。次の**ア**〜**ウ**から選びましょう。

イ

ア 石灰水を入れてよく振ると石灰水が白くにごる。
イ マッチの火を近づけるとポンと音を立てて気体が燃える。
ウ 火のついた線香を入れると線香が炎を上げて激しく燃える。

(3) 陰極, 陽極から発生した気体はそれぞれ何ですか。

陰極 水素   陽極 酸素

物質をつくる粒子をおさえよう!

1 原子の性質について, 次の①〜③にあてはまる語句を入れましょう。

●化学変化によって, それ以上分けることが

① できない。

分かれた!

●種類によって, 大きさや

② 質量 が決まっている。

水素 金

●化学変化によって, なくなったり, 新しくできたり, ほかの種類の原子に変わったり

③ しない。

消えた!
できた!
変わった!
銅 金

2 原子の性質として正しいものを, 次の**ア**〜**エ**から選びましょう。

イ

ア 化学変化によって分けることができる。
イ 種類によって, 大きさや質量が決まっている。
ウ 化学変化によって, なくなったり, 新しくできたりする。
エ 化学変化によって, ほかの種類の原子に変化する。

3 次の(1)〜(3)は元素記号を, (4)〜(6)は元素の名前を答えましょう。

(1) 水素   (2) 酸素   (3) 銅
H   O   Cu

(4) C   (5) S   (6) Fe
炭素   硫黄   鉄

分子についておさえよう!

1 次の図の①〜④にあてはまる語句を入れましょう。

① 水素 分子
水素原子2つが結びついている。
H H

② 酸素 分子
酸素原子2つが結びついている。
O O

③ 水 分子
水素原子2つと酸素原子1つが結びついている。
H O H

④ 二酸化炭素 分子
酸素原子2つと炭素原子1つが結びついている。
O C O

2 次の問いに答えましょう。

(1) いくつかの原子が結びついてできた, 物質の性質を示す最小の粒子を何といいますか。

分子

(2) 1種類の元素でできている物質を何といいますか。

単体

(3) 2種類以上の元素からできている物質を何といいますか。

化合物

3 次の**ア**〜**カ**から, 単体, 化合物にあてはまるものをそれぞれすべて選びましょう。

ア 二酸化炭素   **イ** 水素   **ウ** 鉄
エ 砂糖水   **オ** 塩化ナトリウム   **カ** マグネシウム

単体 イ, ウ, カ   化合物 ア, オ

砂糖水は混合物。

物質が結びつく変化をおさえよう！

1 下の図のようにして，鉄と硫黄の混合物を加熱する実験を行い，加熱前と加熱後の物質の性質を比べました。あとの問いに答えましょう。

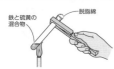

鉄と硫黄の混合物
脱脂綿

(1) 加熱前の物質に磁石を近づけると，磁石につきますか，つきませんか。

つく。

(2) 加熱後の物質に磁石を近づけると，磁石につきますか，つきませんか。

つかない。

(3) うすい塩酸を加えると，卵がくさったようなにおいの気体が発生するのは，加熱前の物質ですか，加熱後の物質ですか。
発生した気体は硫化水素。

加熱後の物質

(4) 加熱後の物質は何ですか。

硫化鉄

(5) 鉄と硫黄の混合物を加熱してできる物質のように，2種類以上の物質が結びついてできる物質を何といいますか。

化合物

化学変化を式に表そう！

1 下のモデル図は，水素と酸素から水ができる反応を表したものとその化学反応式です。次の①〜③にあてはまる化学式や数を入れましょう。

HH HH ＋ ◯◯ → 水 水 ＋

① **2** H_2 ＋ ② **O_2** → ③ **2** H_2O

水素分子の数。　酸素分子の化学式。　水分子の数。

2 次の物質を化学式で表しましょう。

(1) 酸素 　 **O_2**

(2) 炭素 　 **C**

(3) 塩素 　 **Cl_2**

3 酸化銀が分解して銀と酸素ができる化学変化を，化学反応式で表します。次の①〜④にあてはまる語句や数を答えましょう。

1．反応前の物質を左辺，反応後の物質を右辺に書き，──→で結ぶ。

酸化銀 ──→ 銀 ＋ 酸素

2．それぞれの物質を化学式で表す。

Ag_2O ──→ Ag ＋ O_2

3．左辺に酸化銀を1個ふやして

① **酸素** 原子の数を

Ag_2O, Ag_2O ──→ Ag ＋ O_2

同じにする。
右辺に銀を3個ふやして

② **銀** 原子の数を

Ag_2O, Ag_2O ──→ Ag, Ag ＋ O_2
Ag, Ag

同じにする。

4．分子または原子の個数を化学式の前につけてまとめる。

③ **2** Ag_2O ──→ ④ **4** Ag ＋ O_2

酸素と結びつく変化をおさえよう！

1 右の図のようにして，スチールウールを加熱する実験を行い，加熱前と加熱後の黒色の物質の性質を比べました。次の問いに答えましょう。

(1) 加熱前の物質（スチールウール）の質量と加熱後の物質の質量を比べたときの結果として正しいものを，次の**ア〜ウ**から選びましょう。

ア

ア 加熱後の物質の質量は，加熱前の物質の質量よりも大きい。
イ 加熱後の物質の質量は，加熱前の物質の質量よりも小さい。
ウ 加熱後の物質の質量は，加熱前の物質の質量と変わらない。

(2) 加熱前の物質にうすい塩酸を加えると，においのない気体が発生しました。この気体は何ですか。

水素

(3) 加熱後の物質は何ですか。

酸化鉄

(4) スチールウールを加熱したときの反応のように，物質が酸素と結びつく化学変化を何といいますか。

酸化

(5) (4)のうち，熱や光を出しながら激しく酸素と結びつく化学変化を何といいますか。

燃焼

酸素をうばう変化をおさえよう！

1 下の図のようにして，酸化銅と炭素の粉末の混合物を加熱する実験を行いました。あとの問いに答えましょう。

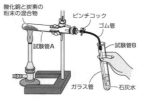

酸化銅と炭素の粉末の混合物
ピンチコック
ゴム管
試験管A
試験管B
ガラス管
石灰水

(1) 混合物を加熱すると気体が発生し，石灰水は白くにごりました。発生した気体は何ですか。

二酸化炭素

(2) 試験管Aの混合物の色は，加熱によって何色に変化しますか。

赤色

(3) 加熱したあと，試験管Aに残った物質をみがくと，光りました。試験管Aに残った物質は何ですか。
金属光沢が見られる。

銅

(4) この実験で酸化銅に起こった反応のように，酸化物から酸素をとりのぞく化学変化を何といいますか。

還元

(5) この実験で，炭素に起こった化学変化を何といいますか。

酸化

化学変化と質量の変化を調べよう!

❶ 次の①，②にあてはまる語句を入れましょう。

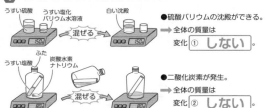

うすい硫酸　うすい塩化バリウム水溶液 → 白い沈殿　混ぜる

●硫酸バリウムの沈殿ができる。
➡ 全体の質量は
変化 ① **しない** 。

うすい塩化　ふた　炭酸水素ナトリウム　混ぜる

●二酸化炭素が発生。
➡ 全体の質量は
変化 ② **しない** 。

❷ 次の問いに答えましょう。

(1) 化学変化の前後で，物質全体の質量は変化しますか，変化しませんか。

変化しない。

(2) (1)の法則を何といいますか。

質量保存の法則

(3) 化学変化の前後で，原子の種類(元素)は変化しますか，変化しませんか。

変化しない。

(4) 化学変化の前後で，原子の数は変化しますか，変化しませんか。

変化しない。

物質が結びつく割合を調べよう!

❶ 次の①〜③にあてはまる語句や数を入れましょう。

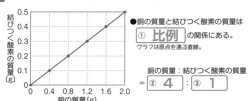

縦軸：結びつく酸素の質量[g]　横軸：銅の質量[g]

●銅の質量と結びつく酸素の質量は
① **比例** の関係にある。
グラフは原点を通る直線。

銅の質量：結びつく酸素の質量
= ② **4** : ③ **1**

❷ 銅をステンレス皿に入れて十分に加熱すると酸化銅ができます。表は，ステンレス皿に入れた銅の質量と，加熱後にできた酸化銅の質量をまとめたものです。あとの問いに答えましょう。

銅の粉末／ステンレス皿

銅の質量〔g〕	0.4	0.8	1.2	1.6
酸化銅の質量〔g〕	0.5	1.0	1.5	2.0

(1) 0.8 gの銅を十分に加熱したとき，銅と結びつく酸素の質量は何gですか。

1.0g − 0.8g = 0.2g

0.2 g

(2) 銅を十分に加熱して酸化銅ができるときの，銅の質量と結びつく酸素の質量を，もっとも簡単な整数の比で表しましょう。

0.8 : 0.2 = 4 : 1

銅：酸素＝ **4 : 1**

(3) 2.0 gの銅を十分に加熱したときにできる酸化銅の質量は何gですか。

銅と結びつく酸素の質量を x とすると，
2.0 : x = 4 : 1　x = 0.5g　酸化銅の質量は，2.0g + 0.5g = 2.5g

2.5 g

化学変化と温度の変化を調べよう!

❶ 次の図の①，②にあてはまる語句を入れましょう。

① **発熱** 反応
温度が上がる反応。

鉄 ＋ 酸素 ─→ 酸化鉄 ＋ ❄熱
まわりに熱を放出

② **吸熱** 反応
温度が下がる反応。

水酸化バリウム ＋ 塩化アンモニウム ＋ ❄熱 ─→ 塩化バリウム ＋ アンモニア ＋ 水
まわりから熱を吸収

❷ 化学変化による温度の変化について，次の実験を行いました。あとの問いに答えましょう。

〔実験1〕 鉄粉と活性炭を混ぜたものに食塩水を数滴たらして，温度をはかりながらガラス棒でよくかき混ぜた。

〔実験2〕 水酸化バリウムと塩化アンモニウムを，温度をはかりながらガラス棒でよくかき混ぜた。

(1) 実験1では，温度は上がりますか，下がりますか。

上がる。

(2) (1)のような反応を何といいますか。

発熱反応

(3) 実験2では，温度は上がりますか，下がりますか。

下がる。

(4) (3)のような反応を何といいますか。

吸熱反応

確認テスト　1章

1
(1)二酸化炭素
(2)物質名…水　化学式…H_2O　　(3)ウ

解説 (3)ウは水の電気分解で，水素と酸素に分かれる。ア, イは酸化。

2
(1)単体　　(2)硫化鉄　　(3)化合物

解説 (2)(3)鉄と硫黄の混合物を加熱すると，鉄と硫黄が結びついて硫化鉄ができる。

3
(1)白くにごる。　　(2)①…C　②…Cu
(3)①…酸化銅　②…炭素

解説 (3)酸化銅は還元されて銅になり，炭素は酸化されて二酸化炭素になる。

4
(1)0.5 g　　(2)0.6 g

解説 (1)0.4 g + 0.1 g = 0.5 g
(2)銅と酸素は，4 : 1の質量の割合で反応する。
2.4 gの銅と結びつく酸素を x gとすると，
2.4 : x = 4 : 1　x = 0.6 g

細胞のつくりを調べてみよう！

1 次の図の①〜⑤にあてはまる語句を入れましょう。

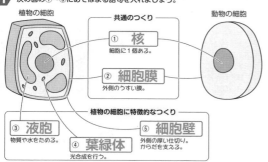

植物の細胞　　　共通のつくり　　　動物の細胞

① **核**
細胞に1個ある。

② **細胞膜**
外側のうすい膜。

植物の細胞に特徴的なつくり

③ **液胞**
物質や水をためる。

④ **葉緑体**
光合成を行う。

⑤ **細胞壁**
外側の厚い仕切り。
からだを支える。

2 植物の細胞に見られる次のア〜オのつくりについて，あとの問いに答えましょう。

ア 細胞壁	イ 核	ウ 葉緑体	エ 液胞	オ 細胞膜

(1) 植物の細胞に特徴的なつくりはどれですか。ア〜オからすべて選びましょう。

ア，ウ，エ

(2) アの細胞壁とイの核をのぞいた部分を何といいますか。

細胞質

(3) からだが多くの細胞からできている生物を何といいますか。

からだが1個の細胞からできている
生物は単細胞生物という。

多細胞生物

根・茎のつくりを調べよう！

1 次の図の①〜③にあてはまる語句を入れましょう。

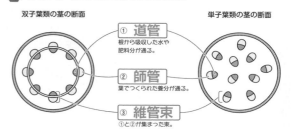

双子葉類の茎の断面　　　単子葉類の茎の断面

① **道管**
根から吸収した水や
肥料分が通る。

② **師管**
葉でつくられた養分が通る。

③ **維管束**
①と②が集まった束。

2 次の問いに答えましょう。

(1) 土と接する面積が広くなるため，水や水にとけた肥料分が吸収されやすくなる，根の先端付近にある小さな毛のようなものを何といいますか。

根毛

(2) 根から吸収した水や肥料分が通る管を何といいますか。

道管

(3) 葉でつくられた養分が通る管を何といいますか。

師管

(4) (2)と(3)が集まった束を何といいますか。

維管束

葉のつくりを調べよう！

1 次の図の①〜④にあてはまる語句を入れましょう。

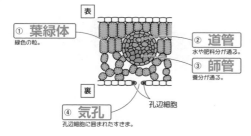

表

① **葉緑体**
緑色の粒。

② **道管**
水や肥料分が通る。

③ **師管**
養分が通る。

裏

④ **気孔**
孔辺細胞に囲まれたすきま。

孔辺細胞

2 次の問いに答えましょう。

(1) 葉の細胞の中に見られる緑色の粒を何といいますか。

葉緑体

(2) 葉の表面に見られる，2つの孔辺細胞に囲まれたすきまを何といいますか。

気孔

(3) (2)からは，酸素，二酸化炭素のほかに何が出ていきますか。

水蒸気

(4) 維管束は，葉では何になっていますか。

葉脈

植物の中の水のゆくえを調べよう！

1 植物のからだから水が出ていくようすについて調べるために，次のような実験を行いました。あとの問いに答えましょう。

〔実験〕
①葉の枚数や大きさがほぼ同じホウセンカの枝を用意し，図のように処理をして，同量の水を入れたメスシリンダーにさし，水面に油をたらした。

②明るく風通しのよいところに数時間置き，水の減少量を調べた。

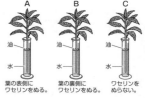

A　　　B　　　C

油　　油　　油

水　　水　　水

葉の表側に　　葉の裏側に　　ワセリンを
ワセリンをぬる。　ワセリンをぬる。　ぬらない。

(1) 結果をまとめた次の表の①，②に語句を入れましょう。

	A	B	C
ワセリンをぬったところ	葉の表側	葉の裏側	なし
水が出ていったところ	① **葉の裏側**　茎	② **葉の表側**　茎	葉の表側　葉の裏側　茎
水の減少量（mL）	5.2	1.6	6.4

(2) 出ていった水の量がもっとも多いのは，葉の表側，葉の裏側，茎のどの部分ですか。

葉の裏側

(3) 植物のからだの表面から，水が水蒸気となって出ていくことを何といいますか。

蒸散

(4) (3)がおもに行われる，葉の表面にある小さなすきまを何といいますか。

気孔

光合成が行われる場所を調べよう!

1 光合成について調べるために, 次のような実験を行いました。あとの問いに答えましょう。

〔実験〕
① ふ入りのアサガオの葉の一部をアルミニウムはくでおおい, 一晩暗室に置いた。翌日, 日光がよく当たる場所に数時間置いた。
② アルミニウムはくをはずし, 葉を湯にひたしたあと, あたためたエタノールに入れて脱色し, 水で洗った。
③ ヨウ素液にひたして, 色の変化を調べた。

アルミニウムはくでおおった部分

(1) 結果をまとめた次の表の①〜③に語句を入れましょう。

	A	B	C	D
光	当たる	当たる	① **当たらない**	当たらない
葉緑体	ある	② **ない**	ある	ない
ヨウ素液の反応	③ **青紫**色	変化なし	変化なし	変化なし

(2) 光合成によって葉にできる養分は何ですか。

デンプン

(3) AとBの結果を比べると, 光合成には何が必要なことがわかりますか。
Aは葉緑体があるが, Bは葉緑体がない。

葉緑体

(4) 調べたいこと以外の条件をすべて同じにして行う実験を何といいますか。

対照実験

光合成での気体の出入りを調べよう!

1 光合成に使われる気体について調べるために, 次のような実験を行いました。あとの問いに答えましょう。

〔実験〕
① 試験管A〜Cを用意し, 試験管A, Bには同じ大きさのタンポポの葉を入れ, 試験管Cは何も入れずに, それぞれ息をふきこんでゴム栓をした。
② 試験管Bをアルミニウムはくでおおい, 試験管A〜Cを, 日光の当たる場所に数時間置いた。
③ 試験管A〜Cに石灰水を入れてよく振り, 変化を調べた。

(1) 試験管Aに入れた石灰水は, 白くにごりますか。

にごらない。

(2) 試験管A, Bのどちらに入れたタンポポの葉が光合成を行いましたか。

A

(3) AとBを比べると, 光合成によって使われた気体は何であることがわかりますか。

二酸化炭素

2 次の問いに答えましょう。

(1) 光合成に必要な気体は何ですか。

二酸化炭素

(2) (1)のほかに, 光合成に必要な物質は何ですか。

水

(3) 光合成でできる気体は何ですか。

酸素

葉から出入りする気体を調べよう!

1 植物のはたらきについて調べるために, 次のような実験を行いました。あとの問いに答えましょう。

〔実験〕
① 透明な袋A〜Cを用意し, 袋A, Bには植物を入れ, 袋Cには空気を入れて口を閉じた。
② 袋Aを明るい場所に置き, 袋B, Cは暗い場所に置いた。
③ 袋A〜Cの中の気体を石灰水に通し, 変化を調べた。

暗い場所

(1) 実験③の結果, 袋A〜Cのうち, 1つの袋だけ石灰水が白くにごりました。白くにごった袋はA〜Cのどれですか。

B

(2) (1)で石灰水が白くにごったのは, 袋の中に何という気体がふえたからですか。

二酸化炭素

(3) (2)の気体がふえたのは, 植物が何というはたらきを行ったからですか。

呼吸

2 次の図のA, Bにあてはまる気体を答えましょう。

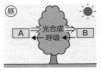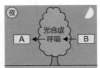

A **二酸化炭素** B **酸素**

だ液のはたらきを調べよう!

1 液の色の変化について, 次の①〜④にあてはまる語句を入れましょう。

●ヨウ素液の反応

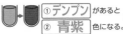 ① **デンプン** があると ② **青紫** 色になる。

●ベネジクト液の反応

 ③ **麦芽糖** などがあると加熱したとき ④ **赤褐** 色の沈殿ができる。

2 だ液のはたらきについて調べるために, 次のような実験を行いました。あとの問いに答えましょう。

〔実験〕① 試験管A_1, A_2にはデンプン溶液とうすめただ液を, 試験管B_1, B_2にはデンプン溶液と水を入れて, 図1のように, 約40℃の湯に5〜10分つけた。
② 図2のように, 試験管A_1, B_1にはヨウ素液を数滴入れて色の変化を調べ, 試験管A_2, B_2にはベネジクト液を数滴入れて加熱し, 色の変化を調べた。

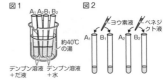

図1 約40℃の湯
デンプン溶液＋だ液 デンプン溶液＋水

図2 ヨウ素液 ベネジクト液

(1) 実験の②でヨウ素液を入れたとき, 液の色が青紫色に変化したのは, A_1, B_1のどちらですか。

B_1

(2) 実験の②でベネジクト液を入れて加熱したとき, 赤褐色の沈殿ができたのは, A_2, B_2のどちらですか。

A_2

(3) これらの結果から, デンプンを麦芽糖などに分解したものは何であるといえますか。

だ液

消化についておさえよう!

1 次の図の①〜⑤にあてはまる語句を入れましょう。

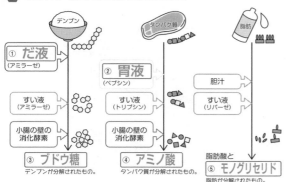

① **だ液**（アミラーゼ）

② **胃液**（ペプシン）

胆汁

すい液（アミラーゼ）

すい液（トリプシン）

すい液（リパーゼ）

小腸の壁の消化酵素

小腸の壁の消化酵素

③ **ブドウ糖**
デンプンが分解されたもの。

④ **アミノ酸**
タンパク質が分解されたもの。

脂肪酸と

⑤ **モノグリセリド**
脂肪が分解されたもの。

2 次の問いに答えましょう。

(1) 消化液にふくまれる，食物を分解するはたらきのある物質を何といいますか。

消化酵素

(2) だ液にふくまれる(1)を何といいますか。

アミラーゼ

(3) デンプンは，(1)のはたらきによって最終的に何に分解されますか。

ブドウ糖

(4) 脂肪は，(1)のはたらきによってモノグリセリドと何に分解されますか。

脂肪酸

養分の吸収についておさえよう!

1 次の図の①〜③にあてはまる語句を入れましょう。

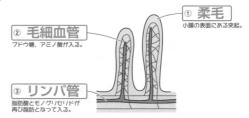

① **柔毛**
小腸の表面にある突起。

② **毛細血管**
ブドウ糖，アミノ酸が入る。

③ **リンパ管**
脂肪酸とモノグリセリドが再び脂肪となって入る。

2 右の図は，小腸の壁の表面にある柔毛を模式的に表したものです。次の問いに答えましょう。

(1) 柔毛がたくさんあることで，小腸の表面積はどうなりますか。

大きくなる。

(2) 柔毛から吸収されて，図のAに入る物質は何ですか。2つ答えましょう。

図のAは毛細血管。

ブドウ糖
アミノ酸

(3) 柔毛から吸収されたあと，再び脂肪となって図のBに入る物質は何ですか。2つ答えましょう。

図のBはリンパ管。

脂肪酸
モノグリセリド

呼吸のしくみをおさえよう!

1 次の図の①〜④にあてはまる語句を入れましょう。

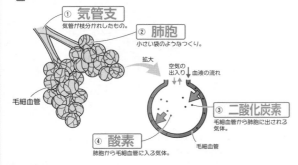

① **気管支**
気管が枝分かれしたもの。

② **肺胞**
小さい袋のようなつくり。

拡大

空気の出入り↓↑ 血液の流れ

③ **二酸化炭素**
毛細血管から肺胞に出される気体。

④ **酸素**
肺胞から毛細血管に入る気体。

毛細血管

毛細血管

2 肺のつくりについて，次の問いに答えましょう。

(1) 気管支の先にある小さな袋のようなつくりを何といいますか。

肺胞

(2) (1)があることで，肺の表面積はどうなりますか。

大きくなる。

3 次の問いに答えましょう。

(1) 細胞で酸素と養分からエネルギーをつくり出すことを何といいますか。

細胞呼吸でも正解。→ **細胞の呼吸**

(2) (1)によってエネルギーをつくり出すとき，二酸化炭素と何ができますか。

水

心臓のつくりを覚えよう!

1 次の図の①〜④にあてはまる語句を入れましょう。

① **右心房**

③ **左心房**

全身へ
全身から
肺へ
肺から
肺から

② **右心室**

全身から

④ **左心室**

2 右の図は，ヒトの心臓のつくりを模式的に表したもので，A〜Dは血管を表しています。次の問いに答えましょう。

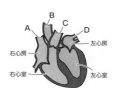

右心房 左心房 右心室 左心室

(1) 心臓から送り出される血液が流れる血管はどれですか。A〜Dから2つ選びましょう。

B **C**

(2) (1)の血管を何といいますか。

動脈

(3) 肺から心臓へもどってくる血液が流れる血管はどれですか。A〜Dから選びましょう。

D

心臓へもどってくる血液が流れる血管を静脈という。

血液が流れるしくみをおさえよう!

1 次の図の①〜④にあてはまる語句を入れましょう。

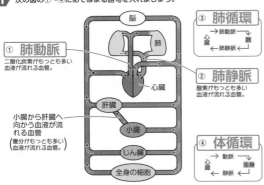

① **肺動脈**
二酸化炭素がもっとも多い血液が流れる血管。

③ **肺循環**
心臓 → 肺動脈 → 肺 → 肺静脈 → 心臓

② **肺静脈**
酸素がもっとも多い血液が流れる血管。

小腸から肝臓へ向かう血液が流れる血管
（養分がもっとも多い血液が流れる血管。）

④ **体循環**
心臓 → 動脈 → 全身 → 静脈 → 心臓

2 次の問いに答えましょう。

(1) 血液が，心臓から肺を通って心臓にもどる道すじを何といいますか。

肺循環

(2) 血液が，心臓から肺以外の全身を通って心臓にもどる道すじを何といいますか。

体循環

(3) 体内を循環する血液のうち，酸素を多くふくむ血液を何といいますか。

動脈血

(4) 全身の血管の中で肺動脈を流れる血液に多くふくまれるのは，酸素と二酸化炭素のどちらですか。

二酸化炭素

血液の成分を覚えよう!

1 次の図の①〜④にあてはまる語句を入れましょう。

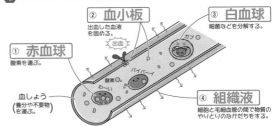

② **血小板**
出血した血液を固める。

③ **白血球**
細菌などを分解する。

① **赤血球**
酸素を運ぶ。

血しょう
（養分や不要物を運ぶ。）

④ **組織液**
細胞と毛細血管の間で物質のやりとりのなかだちをする。

2 血液の成分について，次の問いに答えましょう。

(1) 白血球のはたらきを，次の**ア**〜**エ**から選びましょう。
   ア 出血した血液を固める。
   イ 養分や不要物を運ぶ。
   ウ 酸素を運ぶ。
   エ 細菌などを分解する。

エ

(2) 赤血球にふくまれる，赤色の物質を何といいますか。

ヘモグロビン

(3) 血液の成分のうち，液体のものを何といいますか。

血しょう

(4) (3)が毛細血管からしみ出したものを何といいますか。

組織液

排出のしくみをおさえよう!

1 次の図の①，②にあてはまる語句を入れましょう。

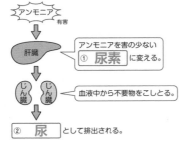

アンモニア（有害）

肝臓
アンモニアを害の少ない① **尿素** に変える。

じん臓　じん臓
血液中から不要物をこしとる。

② **尿** として排出される。

2 次の問いに答えましょう。

(1) 二酸化炭素やアンモニアなどの不要物をからだの外に出すはたらきを何といいますか。

排出

(2) 細胞のはたらきによってできた有害なアンモニアを害の少ない物質に変える器官はどこですか。

肝臓

(3) (2)でアンモニアが変えられた，害の少ない物質を何といいますか。

尿素

(4) (3)が血液中からこしとられる器官はどこですか。

じん臓

(5) (4)でつくられた尿が一時的にためられる器官はどこですか。

ぼうこう

刺激を受けとる器官を覚えよう!

1 次の図は目のつくりを表したものです。①，②にあてはまる語句を入れましょう。

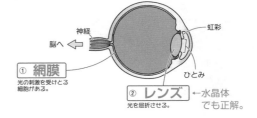

神経　脳へ　虹彩　ひとみ

① **網膜**
光の刺激を受けとる細胞がある。

② **レンズ** ←水晶体でも正解。
光を屈折させる。

2 ヒトの刺激を受けとる器官について，次の問いに答えましょう。

(1) 光や音などの刺激を受けとる器官を何といいますか。

感覚器官

(2) (1)のうち，温度や痛みなどの刺激を受けとる器官は何ですか。

皮ふ

(3) 図は，目の断面を模式的に表したものです。目のつくりのうち，目に入ってきた光を屈折させるはたらきがある部分はどこですか。A〜Cから選びましょう。

B

Aは虹彩，Bはレンズ（水晶体），Cは網膜。

刺激の伝わり方をおさえよう！

1 次の反応の，刺激や命令の信号の伝わり方について，①～③にあてはまる語句を入れましょう。

● 意識して起こる反応

例　手に水がかかったので，タオルでふいた。

感覚器官 → 感覚神経 → せきずい → ① 脳 → せきずい → 運動神経 → 筋肉

● 無意識に起こる反応

例　アイロンの熱い部分に手がふれて，思わず手を引っこめた。

感覚器官 → ② 感覚神経 → ③ せきずい → 運動神経 → 筋肉

2 次の問いに答えましょう。

(1) 脳やせきずいをまとめて何といいますか。　　**中枢神経**

(2) 感覚神経や運動神経をまとめて何といいますか。　　**末しょう神経**

(3) (1)から筋肉へ命令を伝える神経は，感覚神経と運動神経のどちらですか。　　**運動神経**

3 次の問いに答えましょう。

(1) 刺激に対して無意識に起こる反応について，刺激や命令が伝わる経路は**ア**，**イ**のどちらですか。

ア　感覚器官→感覚神経→せきずい→脳→せきずい→運動神経→筋肉
イ　感覚器官→感覚神経→せきずい→運動神経→筋肉

　　イ

(2) 無意識に起こる反応を何といいますか。　　**反射**

からだが動くしくみを見てみよう！

1 次の図の①～③にあてはまる語句を入れましょう。

● うでを曲げるとき　　● うでをのばすとき

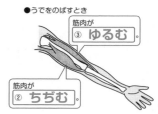

ちぢむ。　　③ **ゆるむ**。

ゆるむ。

① **けん**
筋肉が骨とつながる部分。

筋肉が
② **ちぢむ**。

2 右の図は，ヒトのうでの筋肉と骨の一部を模式的に示したものです。次の問いに答えましょう。

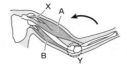

(1) 筋肉が骨とつながっている**X**の部分を何といいますか。　　**けん**

(2) 骨と骨のつなぎ目になる**Y**の部分を何といいますか。　　**関節**

(3) 図の矢印の向きにうでを曲げたとき，ゆるむ筋肉は**A**，**B**のどちらですか。　　**B**

確認テスト　　2章

1 (1)図1…A　図2…X　　(2)気孔

解説　(1)根から吸収された水や肥料分は，道管を通ってからだ全体にいきわたる。

2 (1)葉緑体　　(2)A　　(3)二酸化炭素

解説　(3)光合成を行うときは，二酸化炭素が使われる。

3 (1)ブドウ糖　　(2)①…C　②…毛細血管

解説　(2)ブドウ糖は，小腸の柔毛から吸収されて毛細血管に入る。

4 (1)B　　(2)赤血球

解説　(1)肺から心臓にもどる血液には酸素が多くふくまれている。

5 (1)B　　(2)ア

解説　(2)無意識に起こる反射では，脳に刺激の信号が伝わる前にせきずいから命令が出される。

気象観測をしよう!

1 次の図の①, ②にあてはまる語句を入れましょう。

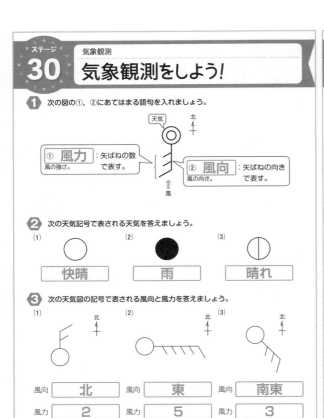

① **風力**：矢ばねの数で表す。
風の強さ。

② **風向**：矢ばねの向きで表す。
風の向き。

2 次の天気記号で表される天気を答えましょう。

(1) **快晴**　(2) **雨**　(3) **晴れ**

3 次の天気図の記号で表される風向と風力を答えましょう。

(1) 風向 **北**　風力 **2**

(2) 風向 **東**　風力 **5**

(3) 風向 **南東**　風力 **3**

気温と湿度の変化を調べよう!

1 次の図の①～③にあてはまる語句や数を入れましょう。

●乾湿計

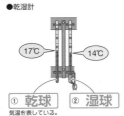

17℃　14℃

① **乾球**
気温を表している。

② **湿球**

●湿度表

乾球	乾球と湿球の示度の差〔℃〕				
〔℃〕	0	1	2	3	4
17	100	90	80	70	61
16	100	89	79	69	59
15	100	89	78	68	58
14	100	89	78	67	56
13	100	88	77	66	55
12	100	88	76	64	53

湿度は ③ **70** %
乾球の示度と乾球と湿球の示度の差が交わったところ。

2 気温はどのような場所ではかりますか。正しいものを、次のア～ウから選びましょう。 **イ**

ア　直射日光が当たるところ
イ　風通しのよいところ
ウ　地上から約3.0mのところ

3 ある日の気温と湿度を表す右のグラフについて、次の問いに答えましょう。

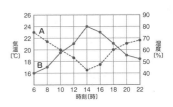

(1) 気温の変化を表しているグラフは**A**、**B**のどちらですか。 **B**

(2) この日の天気は晴れですか、雨ですか。 **晴れ**

空気による圧力をおさえよう!

1 次の式の①、②にあてはまる語句を入れましょう。

●圧力〔Pa〕 = $\dfrac{① \text{面を垂直におす力 〔N〕}}{② \text{力がはたらく面積 〔m}^2\text{〕}}$　（1 Pa = 1 N/m²）

2 次の問いに答えましょう。ただし、100gの物体にはたらく重力の大きさを1Nとします。

(1) 右の図のような、底面積が0.3m²で、600Nの重さの円柱を、底面を下にして床に置きました。このとき、床が円柱から受ける圧力の大きさは何Paですか。

$\dfrac{600N}{0.3m^2}$ = 2000Pa

2000Pa

0.3m²

(2) 右の図のような、質量が1800gの直方体があります。この直方体を、面積が0.2m²の**A**面を下にして床に置いたとき、床が直方体から受ける圧力の大きさは何Paですか。

A面

$\dfrac{18N}{0.2m^2}$ = 90Pa

90Pa

3 次の問いに答えましょう。

(1) 空気の重さによる圧力を何といいますか。 **大気圧（気圧）**

(2) (1)が大きいのは、標高の高いところ、低いところのどちらですか。

低いところ

空気中の水蒸気の量を調べよう!

1 次の式の①、②にあてはまる語句を入れましょう。

●湿度〔%〕 = $\dfrac{\text{空気1m}^3\text{中にふくまれている ① 水蒸気量 〔g/m}^3\text{〕}}{\text{その気温での ② 飽和水蒸気量 〔g/m}^3\text{〕}}$ × 100

2 右の図は、気温と飽和水蒸気量の関係をグラフに表したものです。次の問いに答えましょう。

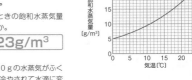

(1) 気温が25℃のときの飽和水蒸気量は、何g/m³ですか。 **23g/m³**

(2) 空気1m³中に10gの水蒸気がふくまれているとき、冷やされて水滴に変化し始めるときの温度は何℃ですか。 **11℃**

(3) 空気中にふくまれる水蒸気が冷やされて水滴に変化し始めるときの温度を何といいますか。 **露点**

3 気温17.5℃における飽和水蒸気量は15g/m³です。17.5℃の空気1m³中にふくまれている水蒸気量が9gのときの湿度を求めましょう。

$\dfrac{9g/m^3}{15g/m^3}$ × 100 = 60　**60%**

ステージ 34 — 雲のでき方

雲のでき方を調べよう!

1 次の①～③にあてはまる語句を入れましょう。

●雲ができるとき
空気があたためられる。

→空気が上昇して気圧が下がり，
空気が ① **膨張する**。

→空気の温度が ② **下がる**。

→ ③ **露点** に達すると雲ができる。
水蒸気が水滴に変化し始める温度。

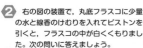

2 右の図の装置で，丸底フラスコに少量の水と線香のけむりを入れてピストンを引くと，フラスコの中が白くくもりました。次の問いに答えましょう。

ピストン／デジタル温度計／水／フラスコ

(1) ピストンを引くと，フラスコの中の気圧は上がりますか，下がりますか。

下がる。

(2) ピストンを引くと，フラスコの中の空気は膨張しますか，収縮しますか。

膨張する。

(3) ピストンを引くと，フラスコの中の空気の温度は上がりますか，下がりますか。

下がる。

ステージ 35 — 気圧と風

気圧と風のふき方をおさえよう!

1 次の図の①～④にあてはまる語句を入れましょう。

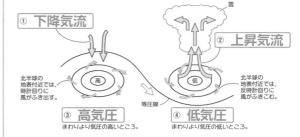

① **下降気流**　② **上昇気流**

北半球の地表付近では，時計回りに風がふき出す。

北半球の地表付近では，反時計回りに風がふきこむ。

③ **高気圧**　まわりより気圧の高いところ。

④ **低気圧**　まわりより気圧の低いところ。

2 右の天気図について，次の問いに答えましょう。

(1) 図の気圧が等しい地点を結んだ曲線を何といいますか。

等圧線

(2) 図のAは，高気圧ですか，低気圧ですか。

低気圧

(3) 中心部で雲ができやすいのは，A，Bのどちらですか。

上昇気流ができるので，雲ができやすい。

A

ステージ 36 — 気圧と前線

前線の種類と特徴をおさえよう!

1 次の図の①，②にあてはまる語句を入れましょう。

温帯低気圧　低　等圧線

① **寒冷前線**
寒気が暖気の下にもぐりこみ，
暖気をおし上げながら進む。

② **温暖前線**
暖気が寒気の上に
はい上がるようにして進む。

2 右の図は，寒気と暖気がぶつかり合うようすを表したものです。次の問いに答えましょう。

X／暖気／寒気／Y

(1) 寒気や暖気のように，気温や湿度がほぼ一様な空気のかたまりを何といいますか。

気団

(2) 性質の異なる(1)が接するとできる境界面Xを何といいますか。

前線面

(3) (2)が地表と接するYを何といいますか。

前線

ステージ 37 — 寒冷前線

寒冷前線と天気の変化をおさえよう!

1 次の図の①～③にあてはまる語句を入れましょう。

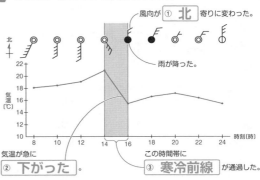

風向が ① **北** 寄りに変わった。

雨が降った。

気温が急に ② **下がった**。

この時間帯に ③ **寒冷前線** が通過した。

2 次の問いに答えましょう。

(1) 寒冷前線付近で発達する雲は何ですか。

積乱雲

(2) 寒冷前線が通過した直後に降る雨のようすとして正しいのはア，イのどちらですか。

ア　広い範囲に，弱い雨が長時間降る。

イ　せまい範囲に，強い雨が短時間降る。

イ

(3) 寒冷前線が通過すると，気温は上がりますか，下がりますか。

下がる。

11

38 温暖前線と天気の変化をおさえよう!

1 次の図の①，②にあてはまる語句を入れましょう。

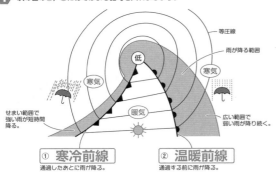

- 等圧線
- 雨が降る範囲
- 寒気
- 寒気
- 低
- 暖気
- せまい範囲で強い雨が短時間降る。
- 広い範囲で弱い雨が降り続く。

① 寒冷前線	② 温暖前線
通過したあとに雨が降る。	通過する前に雨が降る。

2 次の問いに答えましょう。

(1) 温暖前線付近で発達する雲は何ですか。

乱層雲

(2) 温暖前線が通過する前に降る雨のようすとして正しいのは**ア**，**イ**のどちらですか。

ア

　ア　広い範囲に，弱い雨が長時間降る。

　イ　せまい範囲に，強い雨が短時間降る。

(3) 温暖前線が通過すると，気温は上がりますか，下がりますか。

上がる。

---

39 天気を予想してみよう!

1 次の図の①〜③にあてはまる語句を入れましょう。

3月20日	3月21日	3月22日
福岡：雨，東京：快晴	福岡：雨，東京：くもり	福岡：晴れ，東京：くもり

低気圧は①**偏西風**の影響で，②**西**から**東**へ移動している。

2 図のA，Bは，ある年の4月12日と4月13日の天気図です。次の問いに答えましょう。

A	B
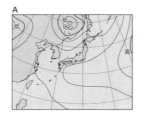	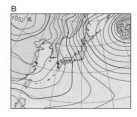

(1) 4月12日の天気図は，A，Bのどちらですか。

A

(2) 低気圧は，東・西・南・北のどの方向に進んでいますか。

東

(3) 低気圧が(2)の方向に動くのは，何という風が影響していますか。

偏西風

---

40 日本のまわりの気団をおさえよう!

1 次の図の①〜③にあてはまる語句を入れましょう。

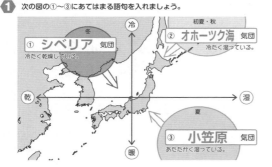

- 冷
- 冬
- 初夏・秋
- ② **オホーツク海** 気団
- 冷たく湿っている。
- ① **シベリア** 気団
- 冷たく乾燥している。
- 乾
- 湿
- 夏
- ③ **小笠原** 気団
- あたたかく湿っている。
- 暖

2 右の図は，日本のまわりにできる3つの気団を表したものです。次の問いに答えましょう。

(1) Aの気団を何といいますか。

シベリア気団

(2) A〜Cのうち，湿っている気団はどれですか。すべて選びましょう。

B，C

(3) A〜Cのうち，冬に勢力が強くなる気団はどれですか。

A

---

41 日本の天気の特徴をおさえよう!

1 次のA，Bの図は，日本の夏と冬の気圧配置を表した図です。あとの問いに答えましょう。

A	B
低 低 992 高	1052 高

(1) Aの天気図は夏と冬のどちらの天気図ですか。

夏

(2) Aの季節にふく季節風は，北西の風と南東の風のどちらですか。

南東の風

(3) Bの天気図は夏と冬のどちらの天気図ですか。

冬

(4) Bの天気図で表される気圧配置を何といいますか。漢字4字で答えましょう。

西高東低

ステージ 42 つゆと台風についておさえよう！

つゆと台風

1 次の①，②にあてはまる語句を入れましょう。

●つゆの天気図

① **オホーツク海** 気団
と小笠原気団の勢力が同じくらいになる。

↓

② **梅雨前線** ができる。
つゆの時期にできる停滞前線。

↓

小笠原気団の勢力が強くなると，
つゆが明けて夏になる。

2 次の問いに答えましょう。

(1) 冷たい気団とあたたかい気団の勢力が同じくらいになったときにできる，あまり動かない前線を何前線といいますか。

停滞前線

(2) (1)のうち，初夏のころにできる前線を何前線といいますか。

梅雨前線

(3) (1)の前線付近では，どのような天気になることが多いですか。ア，イから選びましょう。

イ

ア 乾燥した晴れの日が多くなる。　イ くもりや雨の日が多くなる。

(4) 熱帯低気圧が発達して，中心付近の最大風速が約17m/s以上になったものを何といいますか。

台風

ステージ 43 大気の動きについておさえよう！

大気の動き

1 次の図の①，②にあてはまる風向を入れましょう。

●冬の季節風

① **北西** の季節風

●夏の季節風

① **南東** の季節風

2 右の図は，ある晴れた日の，海岸付近の夜間の陸と海のようすを表したものです。次の問いに答えましょう。

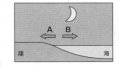

(1) 陸は海よりも冷めやすいですか，冷めにくいですか。

冷めやすい。

(2) 夜間，気圧が低くなるのは陸上と海上のどちらですか。

海上

(3) 夜間，風はA，Bどちらの向きにふきますか。

B

(4) (3)のようにふく風を何といいますか。

陸風

確認テスト　3章

1 (1)天気…晴れ　風向…南西　風力…3
(2)50%

解説 (2) $\dfrac{8\,\mathrm{g/m^3}}{16\,\mathrm{g/m^3}} \times 100 = 50$ より，50%

2 (1)低気圧　(2)記号…B　名称…温暖前線
(3)B　　(4)A

解説 (2)Aは寒気が暖気をおし上げながら進む寒冷前線，Bは暖気が寒気の上にはい上がるように進む温暖前線である。

3 (1)B→C→A　　(2)偏西風

解説 日本付近の天気は，偏西風の影響で，西から東へ移り変わることが多い。

4 (1)A…イ　B…エ　(2)梅雨前線
(3)シベリア気団　(4)北西

解説 (1)Aには長くのびる停滞前線が見られ，Bは冬に見られる西高東低の気圧配置になっている。

44 静電気について調べよう！

❶ 次の図の①，②にあてはまる＋または－の記号を入れましょう。

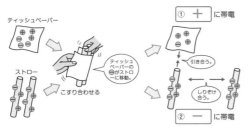

ティッシュペーパー

ストロー

こすり合わせる

ティッシュペーパーの ⊖ がストロー－に移動。

① ＋ に帯電

引き合う。

しりぞけ合う。

② － に帯電

❷ 次の問いに答えましょう。

(1) 2種類の物質をこすり合わせたときに生じる電気を何といいますか。

　　静電気

(2) 異なる種類の電気は，引き合いますか，しりぞけ合いますか。

　　引き合う。

(3) 同じ種類の電気は，引き合いますか，しりぞけ合いますか。

　　しりぞけ合う。

(4) 物質をこすり合わせて物質が電気を帯びるとき，物質の間を移動するのは，＋の電気ですか，－の電気ですか。

　　－の電気

---

45 電流の正体を調べよう！

❶ 次の図の①，②にあてはまる語句や＋または－の記号を入れましょう。

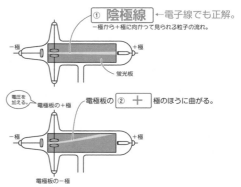

① **陰極線** ←電子線でも正解。
－極から＋極に向かって見られる粒子の流れ。

－極　　＋極

蛍光板

電圧を加える。

電極板の＋極

電極板の ② ＋ 極のほうに曲がる。

－極　　＋極

電極板の－極

❷ 次の問いに答えましょう。

(1) 真空放電管に電圧を加えたときに見られる粒子の流れを何といいますか。

電子線でも正解。→ **陰極線**

(2) (1)は，－の電気をもった粒子の流れです。この粒子を何といいますか。

　　電子

(3) X線，α線，β線，γ線などを何といいますか。

　　放射線

---

46 回路を図に表そう！

❶ 2通りの回路についてかかれた次の①，②にあてはまる語句を入れましょう。

電流の流れる道すじが1本の回路を
① **直列回路** という。

途中で枝分かれしている回路を
② **並列回路** という。

❷ 次の電気用図記号で表されるものを答えましょう。

(1)　Ⓥ　　(2)　Ⓐ　　(3)

電圧計　　　**電流計**　　　**電源**

❸ 下の図の回路を回路図でかきましょう。

電源装置

スイッチ

豆電球

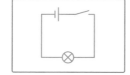

---

47 電流計と電圧計を使ってみよう！

❶ 次の①～④にあてはまる語句を入れましょう。

●電流計のつなぎ方
電流の大きさがわからないとき，はじめは，いちばん値の ① **大きい** 電流の書かれた－端子につなぐ。

電流計

●電圧計のつなぎ方
電圧の大きさがわからないとき，はじめは，いちばん値の ③ **大きい** 電圧の書かれた－端子につなぐ。

電圧計

はかりたい部分に
② **直列** につなぐ。

はかりたい部分に
④ **並列** につなぐ。

❷ 右の回路図のような回路をつくり，電流と電圧の大きさを調べました。次の問いに答えましょう。

(1) 電流計は，図のXとYのどちらですか。

　　Y

(2) 電流の大きさがわからないとき，電源の－極側とつなぐのは，電流計のどの端子ですか。電流計には次のア～エの端子があるものとして，この中から選びましょう。

　　ウ

　ア　50mAの－端子　　　イ　500mAの－端子
　ウ　5Aの－端子　　　　エ　＋端子

(3) 電圧の単位には何を用いますか。単位の記号を答えましょう。

電圧の単位はボルト(V)。

　　V

14

電流のきまりをおさえよう!

1 電流の大きさについて示した次の図の①〜③にあてはまる記号を入れましょう。

●直列回路を流れる電流

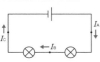

●並列回路を流れる電流

I_A ①［ ＝ ］ I_B ②［ ＝ ］ I_C

電流の大きさはどこも同じ。

$I_D = I_E$ ③［ ＋ ］ $I_F = I_G$

枝分かれしても，全体の電流の大きさは枝分かれする前後で変わらない。

2 右の回路図で，点Aと点Bに流れる電流の大きさを求めましょう。

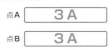

点A ［ 3 A ］

点B ［ 3 A ］

3 右の回路図で，点Aと点Bに流れる電流の大きさを求めましょう。

点A ［ 2 A ］

点B ［ 4 A ］

電圧のきまりをおさえよう!

1 電圧の大きさについて示した次の図の①〜③にあてはまる記号を入れましょう。

●直列回路に加わる電圧

●並列回路に加わる電圧

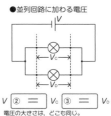

$V = V_A$ ①［ ＋ ］ V_B

全体の電圧の大きさは，各部分の電圧の大きさの和に等しい。

V ②［ ＝ ］ V_C ③［ ＝ ］ V_D

電圧の大きさは，どこも同じ。

2 右の回路図で，豆電球Bの両端に加わる電圧の大きさを求めましょう。

［ 3 V ］

3 右の回路図で，豆電球Aと豆電球Bの両端に加わる電圧の大きさを求めましょう。

豆電球A ［ 6 V ］

豆電球B ［ 6 V ］

電圧と電流の関係を調べよう!

1 次の式の①，②にあてはまる語句を入れましょう。

●オームの法則

電圧〔V〕 = ①［ 抵抗 ］〔Ω〕 × ②［ 電流 ］〔A〕

2 次の問いに答えましょう。

(1) 電熱線に電圧を加えるとき，電熱線に加わる電圧の大きさと電熱線を流れる電流の大きさにはどのような関係がありますか。

［ 比例（の関係） ］

(2) (1)の関係を何の法則といいますか。

［ オームの法則 ］

(3) 電流の流れにくさのことを何といいますか。

［ 電気抵抗(抵抗) ］

3 次の(1)〜(3)を，それぞれ求めましょう。

(1) 電源の電圧の大きさ
(2) 回路に流れる電流の大きさ
(3) 電熱線の抵抗の大きさ

［ 3 V ］ ［ 0.2 A ］ ［ 5 Ω ］

$5 Ω × 0.6A = 3V$ $\dfrac{2V}{10 Ω} = 0.2A$ $\dfrac{4V}{0.8A} = 5 Ω$

直列回路の抵抗の大きさを求めよう!

1 次の①にあてはまる式を入れましょう。

抵抗の大きさがR_aとR_bの2つの抵抗を直列につないだとき，回路全体の抵抗の大きさRは，次の式で求められる。

$R = $ ①［ $R_a + R_b$ ］

2 次のそれぞれの回路において，回路全体の抵抗の大きさを求めましょう。

(1)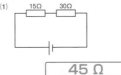

［ 45 Ω ］

$15 Ω + 30 Ω = 45 Ω$

(2)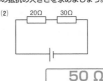

［ 50 Ω ］

$20 Ω + 30 Ω = 50 Ω$

3 次のそれぞれの回路において，回路全体の抵抗の大きさは40Ωです。(1)は抵抗器A，(2)は抵抗器Bの抵抗の大きさを，それぞれ求めましょう。

(1)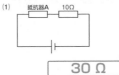

［ 30 Ω ］

$40 Ω − 10 Ω = 30 Ω$

(2)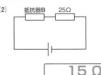

［ 15 Ω ］

$40 Ω − 25 Ω = 15 Ω$

ステージ 52 並列回路の抵抗
並列回路の抵抗の大きさを求めよう!

1 次の①にあてはまる式を入れましょう。

抵抗の大きさがR_aとR_bの2つの抵抗を並列に
つないだとき、回路全体の抵抗の大きさRは，
次の式で求められる。

$$\frac{1}{R} = ① \frac{1}{R_a} + \frac{1}{R_b}$$

2 次の回路において，回路全体の抵抗の大きさを求めましょう。

(1)

回路全体の抵抗の大きさをRとすると，

$$\frac{1}{R} = \frac{1}{5} + \frac{1}{20} = \frac{4}{20} + \frac{1}{20} = \frac{5}{20} = \frac{1}{4}$$

$$\boxed{4\,\Omega}$$

(2)

回路全体の抵抗の大きさをRとすると，

$$\frac{1}{R} = \frac{1}{30} + \frac{1}{20} = \frac{2}{60} + \frac{3}{60} = \frac{5}{60} = \frac{1}{12}$$

$$\boxed{12\,\Omega}$$

ステージ 53 電気エネルギー
電気のはたらきを表してみよう!

1 次の式の①〜④にあてはまる語句を入れましょう。

● 電力〔W〕 = ① 電圧〔V〕 × ② 電流〔A〕

● 電力量〔J〕 = ③ 電力〔W〕 × ④ 時間〔s〕

2 次の問いに答えましょう。

(1) 1秒あたりに使われる電気エネルギーの大きさを何といいますか。

$$\boxed{電力}$$

(2) (1)の大きさを表す単位は何ですか。単位の記号を答えましょう。

$$\boxed{W}$$

(3) 電流によって消費された電気エネルギーの総量を何といいますか。

$$\boxed{電力量}$$

3 電熱線に5Vの電圧を加えて，3Aの電流を流しました。次の問いに答えましょう。

(1) 電熱線が消費する電力を求めましょう。

5V × 3A = 15W

$$\boxed{15\,W}$$

(2) 電流を60秒間流したときの電力量を求めましょう。

15W × 60s = 900J

$$\boxed{900\,J}$$

ステージ 54 電流のはたらき
水の上昇温度を調べよう!

1 右の図のような装置で、電熱線A (12 V - 6 W)，
電熱線B (12 V - 18 W) をそれぞれ水の中に入れ，
12 Vの電圧を加えて4分間電流を流しました。表
は，そのときの水の上昇温度をまとめたものです。
あとの問いに答えましょう。

時間〔分〕		1	2	3	4
上昇温度〔℃〕	電熱線A	0.8	1.7	2.5	3.3
	電熱線B	2.5	5.0	7.4	9.7

(1) 水の上昇温度は，電熱線に電流を流す時間とどのような関係がありますか。

$$\boxed{比例（の関係）}$$

(2) 電流を流し始めてから4分後の水の上昇温度が高かったのは，電熱線A，Bのどちらを使ったときですか。

$$\boxed{電熱線B}$$

(3) 4分間電流を流したときに電熱線から発生した熱量が大きいのは，電熱線A，Bのどちらですか。

電力の大きい電熱線Bのほうが
熱量が大きくなる。

$$\boxed{電熱線B}$$

(4) 電熱線Aに4分間電流を流したときの熱量を求めましょう。

6W ×(4 × 60)s = 1440J

$$\boxed{1440\,J}$$

ステージ 55 電流と磁界
磁界についておさえよう!

1 次の図の①、②にあてはまるアルファベットを入れましょう。

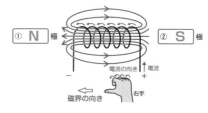

① N 極　　② S 極

2 次の問いに答えましょう。

(1) 磁力のはたらいている空間を何といいますか。

$$\boxed{磁界}$$

(2) (1)の中で，磁針のN極がさす向きを何といいますか。

$$\boxed{磁界の向き}$$

(3) (1)のようすを表した線を何といいますか。

$$\boxed{磁力線}$$

3 導線のまわりに方位磁針を置いて，導線に電流
を流すと，右の図のような磁界ができました。こ
のとき電流が流れた向きは，ア，イのどちらですか。

$$\boxed{ア}$$

ステージ 56 電流が磁界の中で受ける力
磁界から電流が受ける力を調べよう!

❶ 次の図の①〜③にあてはまる語句を入れましょう。

電流の向きを逆にする

磁界の向きを逆にする

電流の向きと磁界の向きを逆にする

力の向きは,はじめと
① **逆**
向きになる。

力の向きは,はじめと
② **逆**
向きになる。

力の向きは,はじめと
③ **同じ**
向きになる。

❷ 図のような装置をつくり,コイルに電流を流すと,コイルはアの向きに動きました。次の問いに答えましょう。

(1) コイルに流れる電流の向きを逆にすると,コイルは,**ア**,**イ**のどちらの向きに動きますか。

イ

(2) 電流の向きはそのままで,磁石のN極とS極を逆にすると,コイルは,**ア**,**イ**のどちらの向きに動きますか。

イ

(3) コイルに流れる電流の大きさを大きくすると,コイルの動きはどうなりますか。次の**ア**〜**ウ**から選びましょう。

ア

ア 大きくなる。　**イ** 小さくなる。　**ウ** 変わらない。

ステージ 57 電磁誘導
コイルと磁石で電流を流そう!

❶ 次の図の①〜③にあてはまる語句を入れましょう。

N極を近づける
N極を遠ざける
S極を近づける
S極を遠ざける

電流の向きは,はじめと
① **逆**
向きになる。

電流の向きは,はじめと
② **逆**
向きになる。

電流の向きは,はじめと
③ **同じ**
向きになる。

❷ 図のように,コイルに棒磁石のS極を近づけると,検流計の針が左にふれました。次の問いに答えましょう。

(1) コイル内部の磁界が変化することで電流が流れる現象を何といいますか。

電磁誘導

(2) (1)の現象によって流れる電流を何といいますか。

誘導電流

(3) 検流計の針が右にふれるのは,次の**ア**,**イ**のどちらですか。

ア

ア コイルに棒磁石のN極を近づける。
イ コイルから棒磁石のN極を遠ざける。

ステージ 58 直流と交流
2つの電流のちがいを調べよう!

❶ 次の図は,オシロスコープで見た電流のようすを表しています。①,②にあてはまる語句を入れましょう。

① **直流**
つねに同じ大きさで流れる電流。

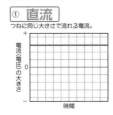

② **交流**
向きと大きさが周期的に変化する電流。

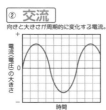

❷ 次の問いに答えましょう。

(1) 乾電池による電流のように,一定の向きに,つねに同じ大きさで流れる電流を何といいますか。

直流

(2) コンセントから流れる電流のように,向きと大きさが周期的に変化する電流を何といいますか。

交流

(3) (2)で,電流の変化が1秒間にくり返される回数を何といいますか。

周波数

(4) (3)を表す単位は何ですか。単位の記号を答えましょう。

Hz

確認テスト 4章

❶ (1)陰極線(電子線)　(2)イ

解説 (2)陰極線は−の電気をもつ電子の流れなので,＋極のほうに曲がる。

❷ (1)ウ　(2)20Ω　(3)0.2A

解説 (2)$\dfrac{6V}{0.3A} = 20\,Ω$

(3)直列回路では,回路のどの部分も電流の大きさは同じである。

❸ (1)ア　(2)①…B　②…A　③…A

解説 (2)②電流の向きと磁石の極の両方を逆にすると,コイルが動く向きははじめと同じになる。
③電流を大きくすると,向きは変わらず,動き方が大きくなる。

❹ (1)誘導電流　(2)左　(3)ア,ウ

解説 (2)磁石の動きや磁石の極を逆にすると,検流計の針は逆にふれる。

②